AUTOREN: REINHARD PEKNY, CHRIS LUKHAUP | FOTOGRAF: CHRIS LUKHAUP

SÜSSWASSER-GARNELEN

INHALT

4 TYPISCH GARNELE

26 SO WOLLEN GARNELEN LEBEN

48 FIT UND GESUND

EXTRAS

DIE GU-QUALITÄTS-GARANTIE

Wir möchten Ihnen mit den Informationen und Anregungen in diesem Buch das Leben erleichtern und Sie inspirieren, Neues auszuprobieren. Bei jedem unserer Produkte achten wir auf Aktualität und stellen höchste Ansprüche an Inhalt, Optik und Ausstattung. Alle Informationen werden von unseren Autoren und unserer Fachredaktion sorgfältig ausgewählt und mehrfach geprüft. Deshalb bieten wir Ihnen eine 100 %ige Qualitätsgarantie.

Darauf können Sie sich verlassen:
Wir legen Wert auf artgerechte Tierhaltung und stellen das Wohl des Tieres an erste Stelle. Wir garantieren, dass:

- alle Anleitungen und Tipps von Experten in der Praxis geprüft und
- durch klar verständliche Texte und Illustrationen einfach umsetzbar sind.

Wir möchten für Sie immer besser werden:
Sollten wir mit diesem Buch Ihre Erwartungen nicht erfüllen, lassen Sie es uns bitte wissen! Wir tauschen Ihr Buch jederzeit gegen ein gleichwertiges zum gleichen oder ähnlichen Thema um. Nehmen Sie einfach Kontakt zu unserem Leserservice auf. Die Kontaktdaten unseres Leserservice finden Sie am Ende dieses Buches.

GRÄFE UND UNZER VERLAG
Der erste Ratgeberverlag – seit 1722.

TYPISCH GARNELE

Garnelen mit ihrem grazilen Körperbau, der Farbenpracht mancher Arten und ihrem interessanten Verhalten gehören inzwischen mit zu den begehrtesten Pfleglingen im Aquarium.

Garnelen im Süßwasser

Die meisten Garnelenarten leben im Meer. Doch etwa 800 Spezies haben es im Laufe der Evolution geschafft, ins Süßwasser vorzudringen und sich dort dauerhaft anzusiedeln. Darunter gibt es Arten, deren gesamter Lebenszyklus und auch die Vermehrung im Süßwasser stattfinden, andere wiederum benötigen noch immer Salz- oder Brackwasser für die Entwicklung ihrer Jungtiere.

Zwerge und Riesen

Unter den Süßwassergarnelen gibt es Arten, die kaum größer als 10 mm sind, aber auch wahre »Riesen« von mehr als 30 cm. Auch Lebensweise, Ernährung und Verhalten sind so unterschiedlich wie die Habitate, in denen sie vorkommen. Süßwassergarnelen haben alle Kontinente in den Tropen und Subtropen besiedelt, aber nur wenige Arten sind bis in gemäßigte Breiten mit tiefen Wintertemperaturen vorgedrungen. In Europa haben es die Garnelen der Gattung *Atyaephyra* erst mit der »Hilfe« des Menschen geschafft, die Alpen zu überwinden und sich nördlich davon in Rhein und Donau anzusiedeln. Ihre natürlichen Lebensräume erstrecken sich heute von reißenden Gebirgsbächen über Flüsse und Seen bis in sumpfige und brackige Flachwasserzonen.

Art- oder Gesellschaftsaquarium

Dieser Ratgeber behandelt bevorzugt Arten, die auch im Gesellschaftsaquarium gepflegt werden können, ohne große Probleme zu verursachen. Bei der Vergesellschaftung mit Fischen gibt es einiges zu beachten, damit ein friedliches Zusammenleben gewährleistet ist. Reizvoll ist es aber auch, für Garnelen ein spezielles Artbecken einzurichten und die Gestaltung ganz auf die Tiere auszurichten.

Das sollten Sie vor dem Kauf beachten

Garnelen haben erst seit kurzer Zeit Einzug in die Süßwasseraquaristik gehalten. Begonnen hat der Boom wohl mit einer Eigenschaft, die im Speziellen der Amanogarnele (*Caridina multidentata*, → Seite 21) nachgesagt wird – das Vertilgen von Algen.

Individuelle Ansprüche

Nicht nur die Amanogarnele beseitigt Algen und organische Abfälle, auch andere Zwerggarnelen machen sich als »Putzkolonnen« im Aquarium nützlich. Bei vielen Aquarianern ist aus der anfänglichen Zweckbeziehung längst echte Liebhaberei geworden, und nun kommen aus allen Erdteilen immer mehr Garnelenarten in den Handel. Nicht alle darf man einfach ins Gesellschaftsbecken setzen, denn es gibt auch Fisch fressende Arten, die ein Aquarium rasch ausräumen können. Schäden an Pflanzen hingegen sind eher selten, auch wenn manche Garnelen vegetarische Nahrung nicht verschmähen. Obwohl einige Garnelenarten aus Lebens-

Zwerggarnelen fühlen sich bei Gruppenhaltung wohler. Auch zwischen verschiedenen Arten (hier *Caridina logemanni*, *Caridina sp.* »Blue Bolt«, *Neocaridina davidi*) gibt es kaum Konflikte.

räumen stammen, in denen es keine Wasserpflanzen gibt, fühlen sie sich trotzdem in bepflanzten Aquarien wohl. Das gilt auch für viele Fächergarnelen, die normalerweise in reißenden Bächen zu Hause sind.

Die häufigsten Haltungsfehler

Vor dem Kauf muss man sich über die Ansprüche der einzelnen Garnelenarten informieren. Am einfachsten ist es natürlich, die Tiere in einem eigenen Becken unterzubringen, das ganz auf ihre Bedürfnisse ausgerichtet ist. Möchte man sie jedoch mit anderen Lebewesen vergesellschaften, sind einige Punkte zu beachten:

› Kleine Garnelenarten fühlen sich in Gegenwart größerer Fische nicht sehr wohl. Nicht selten werden sie von diesen auch als »Lebendfutter« betrachtet. Selbst wenn sie nicht gefressen werden, sind sie so sehr beunruhigt, dass sie sich ständig verstecken und kaum mehr beobachten lassen. Umgekehrt kann es passieren, dass kleine Fische von Garnelen attackiert und als Beute verfolgt werden.

› Auch einzelne Garnelenarten zeigen sich untereinander nicht immer friedlich – häufig aus Konkurrenz um Nahrung. Aber es kommt auch zu direkter Aggression, und selbst Kannibalismus innerhalb einer Art (z.B. bei *Macrobrachium*) wird bei unzureichender Fütterung oder zu hoher Besatzdichte beobachtet.

› Wenn Garnelen in ein bestehendes Gesellschaftsbecken gesetzt werden, muss man darauf achten, dass auch sie ausreichend mit geeignetem Futter versorgt werden. Das gilt speziell für Großarmgarnelen. Sonst kann es durchaus passieren, dass eigentlich harmlose Arten aus Hunger oder Mangelernährung doch auf Fischfang gehen, um sich mit Proteinen zu versorgen.

Garnelen sind **kein Reisesouvenir**

TIPPS VOM GARNELEN-EXPERTEN
Reinhard Pekny

Immer wieder werden Garnelen als Urlaubsmitbringsel von Fernreisen mitgebracht.

GRENZTIERARZT INFORMIEREN Abgesehen davon, dass Lebewesen keine Reiseandenken sind, kennen die meisten »Tierfreunde« die Einfuhrbestimmungen in die EU nicht. Obwohl es für wirbellose Tiere nur wenige Vorschriften gibt, sollte man zumindest den Grenztierarzt schon vor dem Abflug über die geplante Einfuhr bei der Rückkehr informieren.

ILLEGALER EXPORT Eine nicht gemeldete Ausfuhr von Tieren kann in vielen Herkunftsländern zu Schwierigkeiten führen. Versäumter Heimflug oder Bußgeldzahlung sind noch relativ harmlos, die unüberlegte Handlung kann selbst einen Gefängnisaufenthalt nach sich ziehen.

NUR MIT GENEHMIGUNG Fazit: Keinen Eigenimport von Tieren durchführen ohne Kenntnis der Natur- und Artenschutzvorschriften des Herkunftslandes und ohne die notwendigen Sammel- und Exportgenehmigungen einzuholen, soweit sie erhältlich sind.

Welche Garnele soll es sein?

Ohne näher auf die systematische Stellung einzugehen, kann man die für die Aquaristik wichtigen Garnelen in drei Gruppen einteilen: Zwerggarnelen, Fächergarnelen (beide gehören zu den *Atyinae*) und Großarmgarnelen (*Palaemonoidae*).

Friedliche Gesellschaftstiere und hartnäckige Fischfänger

Zwerggarnelen und Fächergarnelen (auch Radargarnelen genannt) sind friedliche Gesellen. Man muss eher darauf achten, dass andere Aquarienbewohner nicht aufdringlich werden oder die Zwerggarnelen als Lebendfutter betrachten. Ganz anders bei den Großarmgarnelen. Hier gibt es viele Arten, die geschickte Beutegreifer sind und sich zu hervorragenden Fischjägern entwickeln. Unter den »Glasgarnelen« finden sich auch Jungtiere großwüchsiger Arten, die rasch heranwachsen und in kurzer Zeit ein Aquarium leer fischen können.

Mit Vorliebe weiden Zwerggarnelen auf einer Mooskugel *(Cladophora aegagrophila)*.

Sind Garnelen für Kinder geeignet?

Mehrere Garnelenarten eignen sich sehr gut als Pfleglinge für Kinder, immer mit der Einschränkung, dass die Betreuung des Aquariums inklusive der Technik von Erwachsenen überwacht wird. Manche Garnelen kann man schon in kleinen Becken mit ca. 30 Liter Inhalt artgerecht halten. Allerdings läuft es in einem größeren Aquarium besser und einfacher, weil auch für die Haltung von Garnelen gilt: Je mehr Wasserinhalt, desto stabiler ist der Lebensraum Aquarium. Die für Kinder angebotenen Starter-Sets sind mit 54 Liter Inhalt und einer Beckenlänge von 60 cm ausreichend groß. Für Garnelen ungeeignet sind die meist zum Set gehörenden Innenfilter (→ Aquarientechnik, Seite 34), denn die Aussparungen für die Kabel sind häufig so groß, dass die Tiere durch sie entweichen können. Dieser Fluchtweg lässt sich aber mit Schaumstoff leicht verschließen. Bei einigen Garnelenarten kann man auf die elektrische Heizung verzichten. Sie kommen gut bei Zimmertemperatur und den damit verbundenen jahreszeitlichen Schwankungen zurecht (→ Artenübersicht, Seite 16).
Diese meist genügsamen und anpassungsfähigen Arten lassen sich außerdem recht einfach zur Vermehrung bringen, was gerade für Kinder eine große Attraktion darstellt. Darüber hinaus wird auch das Taschengeld geschont, weil man die relativ kurzlebigen Tiere (manche Arten leben nur zwei Jahre) nicht immer wieder nachkaufen muss.

Diese Arten geben sich mit Flockenfutter und anderen handelsüblichen Futtersorten zufrieden und erweisen sich auch beim Füttern als tolerant, da sie recht gut für ein paar Tage von den Ressourcen im Aquarium leben können. Auf eine gewisse Sorgfalt bei der Wasserpflege muss man jedoch bei ihrer Haltung achten: Beim wöchentlichen Wasserwechsel sollten mindestens 10, besser aber 20 Prozent ausgetauscht werden. Auch beim Füttern brauchen die Kinder am Anfang ein bisschen Hilfestellung, um permanentes Überfüttern zu verhindern, was weder den Aquarienbewohnern noch dem Wasser bekommt. Garnelen, die gemeinsam mit friedlichen Kleinfischen oder in einem eigenen Artbecken gehalten werden, sind tagsüber richtig aktiv. Für Kinder gibt es da immer etwas zu beobachten.

1 ZWERGGARNELE Die meisten Zwerggarnelen gehören zu den Gattungen *Caridina* und *Neocaridina* und sind nur 4–5 cm groß. Typisch ist ihr friedliches Verhalten und die permanente Geschäftigkeit. Ständig stöbern sie in allen Winkel des Aquariums nach Fressbarem, und viele Arten beseitigen dabei sehr zuverlässig auch den organischen Abfall (Detritus).

2 FÄCHERGARNELE Die ersten beiden Schreitbeinpaare sind zu fächerförmigen Fangapparaten umgebildet, die wie ein Schirm aufgespannt und in die Strömung gehalten werden. Bei Kontakt mit Futterteilchen klappt der Fächer zusammen und die Nahrung wird zu den Mundwerkzeugen geführt. Trotz ihrer Scherenbeine sind die bis 14 cm großen Garnelen völlig harmlos.

3 GROSSARMGARNELE Die ersten beiden Schreitbeinpaare tragen Scheren, das zweite Beinpaar ist bei einigen Arten vor allem bei den Männchen stark vergrößert. Unter den zum Teil über 30 cm großen Arten gibt es auch räuberische Spezies, die ihre extrem langen Scherenhände geschickt als Jagdinstrument einsetzen und selbst flinke Fische erbeuten.

Anatomie und Sinne

Telson

Das letzte Körpersegment wird Telson genannt und trägt ein Spaltbeinpaar, die Uropoden. Diese »Beine« ähneln allerdings eher Flossen. Sie bilden den Schwanzfächer, der ein schnelles, rückwärts gerichtetes Fluchtschwimmen ermöglicht.

Carapax

Der Brustpanzer oder Carapax schützt das Kopfbruststück und die inneren Organe. An der Oberseite liegen die Gonaden (Geschlechtsorgane), darunter das Herz und die Verdauungsorgane, seitlich befinden sich die in die Kiemenhöhle ragenden Kiemen.

Pleon

Das Pleon (der Hinterleib, auch Abdomen genannt) besteht hauptsächlich aus einem sehr kräftigen Muskel, der von elastisch verbundenen Panzersegmenten umschlossen und geschützt wird. An der Unterseite verläuft der Darm, den man bei durchscheinenden Garnelenarten sehr gut erkennen kann.

Fächer

Bei den Garnelen sind die von Flusskrebsen bekannten Scheren nicht immer als kräftige Kneifwerkzeuge ausgebildet. Viele Arten besitzen komplizierte, faltbare Filterapparate, die als Fanggerät für feine Futterpartikel und Plankton dienen.

Antennen

Die kurzen ersten Antennen haben zwei Geißeln. An ihrem Basissegment liegt die Statocyste, das Gleichgewichtsorgan. Die langen, Tasthaare tragenden Antennen scheiden an ihrer Basis Harn aus.

Beine

An den Brustsegmenten sitzen fünf **SCHREITBEINPAARE**, die den Zehnfußkrebsen (lat. Dekapoda) ihren Namen gaben. Scheren und Fächer sind lediglich anders geformte Beine. Die **SCHWIMMBEINE** am Hinterleib sind zweiästige Spaltbeine und dienen als Antrieb beim Vorwärtsschwimmen. Bei den Weibchen werden an ihnen die Eier befestigt.

Augen

Am Kopfstück oder Cephalon sitzen die gestielten und beweglichen Komplexaugen, die bei Gefahr unter den Panzer geklappt werden können. Anders als bei den Insekten sind die Facetten nicht sechseckig, sondern quadratisch. Garnelen haben einen feinen Gesichtssinn, sie können Farben unterscheiden, haben einen 360-Grad-Rundblick und reagieren sehr sensibel auf Bewegungen. Auch die Anpassung der Körperfärbung an die Umgebung wird über die optische Wahrnehmung gesteuert.

Körperbau und Sinnesorgane

Wie Krebse erscheinen auch Garnelen auf den ersten Blick ausgesprochen kompliziert gebaut. Doch dieser Eindruck täuscht, denn der anatomische Grundbauplan ist relativ einfach.

Ein Bauplan für alle Beine

Der Körper der Garnele besteht aus einzelnen Segmenten, die jeweils ein Beinpaar ausbilden, Diese »Beine« sind als sogenannte Spaltbeine angelegt, die je nach Funktion und Körperteil unterschiedlich aussehen. Und doch sind – beginnend am Kopf – alle diese hoch komplizierten Anhänge wie Antennen, Fühler, Teile der Mundwerkzeuge, Scheren, Schreitbeine und Schwimmbeinchen bis hin zu den Uropoden des Schwanzfächers immer nach demselben einheitlichen System aufgebaut.

Großarmgarnelen wie *M. rosenbergii* tasten mit ihrem extrem langen Antennen die Umgebung ab.

Strickleiternervensystem und offener Blutkreislauf

Nervensystem Garnelen besitzen kein Gehirn, sondern Ganglien, Ansammlungen von Nervenzellen an verschiedenen Stellen im Körper. Die Nervenbahnen bilden ein einfaches Strickleitersystem.

Blutkreislauf Garnelen haben einen offenen Blutkreislauf. Das einfach gebaute Herz pumpt das Blut in alle Körperteile, von wo es durch Zellzwischenräume wieder in Richtung Herz fließt und sickert. Wegen des offenen Blutsystems können Krebse bei Verletzungen leicht »verbluten«. Das farblose Blut enthält kein Hämoglobin wie bei Wirbeltieren, sondern den Sauerstofftransport übernimmt die Kupferverbindung Hämocyanin.

Verdauung Der Verdauungstrakt nimmt die von den Mundwerkzeugen zerkleinerte Nahrung auf. Im Magen werden die Futterteilchen weiter zerkleinert und anschließend in die Verdauungsdrüse (Hepatopankreas) transportiert. Der Darm verläuft durch den Hinterleib und endet im Telson, dem letzten Segment des Hinterleibs.

Die Segmente unter dem einteiligen Brustpanzer bringen die Schreitbeine hervor, der segmentierte Hinterleib trägt die kleineren Schwimmbeine.

Bei durchsichtigen Garnelen kann man die Verdauungsorgane erkennen, die je nach aufgenommener Nahrung unterschiedlich gefärbt sind.

Sinnesorgane

Tast- und Geschmackssinn An den Endgliedern der Extremitäten sitzen Sinneszellen, die auf Tastreize reagieren bzw. die Wasserqualität und ihre chemische Zusammensetzung analysieren.

Mechanorezeptoren Diese Rezeptoren leiten Informationen über Berührungen, Wasserströmungen und Vibrationen an das Nervensystem weiter. Auf dem Panzer sitzen Mechanorezeptoren, die in ihrer Bauweise Scharnieren oder Kugelgelenken ähneln und unter anderem Strömungen in einer oder in allen Richtungen registrieren können.

Gleichgewichtsorgan Auch die Statocysten, die das Gleichgewichtsorgan bilden, sind Mechanoreceptoren. Die Statocyste besteht aus einer blasenförmigen Kammer an der Basis der ersten Antennen. In der mit feinen Härchen ausgepolsterten Kammer liegt der winzige Statolith, meist ein Sandkorn. Je nach Einwirkung der Schwerkraft drückt der Statolith unterschiedlich stark auf die Sinneshärchen. Die Härchen signalisieren der Garnele die exakte Position ihres Körpers und veranlassen sie zu den entsprechenden Ausgleichsbewegungen. Die Statolithen müssen nach jeder Häutung ersetzt werden.

Chemorezeptoren Auf Geruchs- und Geschmacksstoffe reagieren Chemorezeptoren; sie prüfen unter anderem die Wasserqualität und den Salzgehalt, sind aber auch für die Wahrnehmung von Pheromonen wichtig. Pheromone sind chemische Botenstoffe, die zum Beispiel bei der Paarung eine große Rolle spielen.

Schallempfänger im Gelenk Garnelen können Schallwellen über spezielle Rezeptoren wahrnehmen, die in den weichen Gelenkhäuten sitzen. Gleichzeitig liefern die Zellen auch Informationen über die Position und Ausrichtung des Gelenks.

Thermorezeptoren Bisher ließen sich direkt keine Thermorezeptoren oder Wärmefühler nachweisen. Man weiß jedoch, dass Crustaceen auf Temperaturunterschiede reagieren können. Wahrscheinlich arbeiten für diese Information verschiedene Sinneszellen zusammen.

Anpassungen und Häutung

Süßwassergarnelen haben die unterschiedlichsten Lebensräume bis hin zu Bergbächen und Höhlenseen erobert. Nur in sehr kalten Gewässern der gemäßigten Breiten sind sie selten.

Anpassung an den Lebensraum

Schnellschwimmer An Land gegangen wie die Krabben und einige Flusskrebse sind Garnelen nie. Dafür sind sie ihrer Verwandtschaft beim Schwimmen an Tempo und Ausdauer überlegen. Als Vorteil erweisen sich dabei ihr leichter Panzer und das geringe Gewicht, das schnelle Bewegungen und Kursänderungen erlaubt, was auf der Flucht lebensrettend sein kann. Für Vortrieb sorgen die kräftigen Beine am Hinterleib und wenn es ganz eilig ist, schlägt die Garnele den muskulösen Hinterleib ein und vollführt einen so gewaltigen Sprung, dass ihm das menschliche Auge kaum folgen kann.

Nach der Häutung bleibt die leere Hülle, Exuvie genannt, zurück. Sie wird später von den Garnelen zerpflückt und gefressen.

Vermehrung Die meisten Garnelenarten leben im Salzwasser und haben frei schwimmende Larven. Im Süßwasser können solche Larvenformen nur schwer überleben, daher haben die »echten« Süßwassergarnelen völlig andere Entwicklungsstadien ausgebildet als die Meeresbewohner (→ Seite 56).

Scherenbeine Die Form der Scheren hat sich den unterschiedlichen Ernährungsweisen angepasst. Großarmgarnelen haben krebsähnliche Scheren, auch wenn bei ihnen die Arme viel dünner sind. Sie können sich damit verteidigen und ihre Beute festhalten und überwältigen. Fächergarnelen ernähren sich als Filtrierer, bei ihnen sind die Scherenbeine zu schirmähnlichen Fangnetzen umgewandelt. Manche Fächergarnelen besitzen extrem starke Schreitbeine, mit denen sie sich sogar in reißender Strömung unter Steinen festklemmen können.

Höhlenbewohner Die Höhlengarnelen haben alle Farben verloren und im Laufe der Zeit auch ihre Augen zurückgebildet, da sie für das Leben in vollkommener Dunkelheit nicht notwendig sind.

Leben in Salz- und Süßwasser Einige Garnelenarten leben im Tidenbereich der Flüsse, wo Ebbe und Flut für einen ständigen Wechsel von Salz- und Süßwasser sorgen. Die Arten dieses Lebensraums besitzen spezielle physiologische Anpassungen, um mit den ständigen Veränderungen des osmotischen Drucks in ihrem Körper zurechtzukommen. Die erwachsenen Garnelen können zwar auch auf Dauer im Süßwasser leben, ihre Larven brauchen jedoch für die Entwicklung Meerwasser.

Häutung und Wachstum

Das Außenskelett einer Garnele besteht aus Chitin, einem celluloseähnlichen Polysaccharid (Mehrfachzucker), und dem Strukturprotein Athropodin, das dem Panzer Festigkeit und Elastizität verleiht. Die eingelagerten Mineralien, vor allem Kalk, geben der Kutikula zusätzliche Härte und Formstabilität.

› Wie alle Krebstiere müssen Garnelen aus ihrem harten Panzer schlüpfen, um überhaupt wachsen zu können. Die Häutung ist eine komplizierte und auch gefährliche Angelegenheit (→ Kasten rechts).

› Wird der Panzer zu eng, verstärkt das Y-Organ (die Häutungsdrüse) seine Aktivität, schüttet das Häutungshormon Ecdyson aus und initiiert so den Häutungsprozess. Um die starre Hülle ablegen zu können, muss sie elastisch werden. Das geschieht durch Auslagern von Kalzium. Der für das spätere Aushärten des neuen Panzers wichtige Kalk stammt aus den Magensteinen (Gastrolithen).

› Mitgehäutet werden alle Körperanhänge wie Fühler, Beine, Augen und selbst die Kiemen und Teile des Kaumagens. Der Panzer platzt an einer Naht zwischen Brustpanzer und Hinterleib auf und die Garnele zieht Fühler und Beine aus der alten Hülle. Mit einem kräftigen Schlag befreit sie auch ihren Hinterleib von der alten Haut. Am Ende bleibt der alte und leere Panzer, die Exuvie, wie ein Abbild des Krebses zurück.

› Nach der Häutung sind die Tiere weich und sehr verletzlich. Da der neue Panzer unter dem alten gebildet wurde, ist er anfangs kleiner. Die Garnele nimmt Wasser auf und pumpt den Panzer regelrecht auf, um ihn zu vergrößern. In diesem Stadium ist sie eine leichte Beute für Fressfeinde. Daher vollzieht sich der eigentliche Häutungsvorgang sehr rasch und meist in einer geschützten Umgebung oder während der Nachtstunden.

Die Häutung der Krebse

PHASE	HÄUTUNGSABLAUF
Die Häutung der Krebse durchläuft vier Phasen.	
PHASE 1: PROECDYSIS	Häutungsvorbereitung. Zuerst werden dem Panzer Mineralstoffe entzogen, damit er weich und elastisch wird. Die wertvollen Baustoffe werden in den Magensteinen (Gastrolithen) zwischengelagert. Der neue Panzer bildet sich unter dem alten Exoskelett. Am Ende der Proecdysis nimmt der Krebs keine Nahrung mehr auf. Dauer: bis zu zwei Wochen.
PHASE 2: ECDYSIS	Eigentliche Häutung. Läuft sehr schnell ab: Der Panzer platzt auf und die Garnele schlüpft aus der alten Haut. Sie ist jetzt weich und ungeschützt und nimmt Wasser auf, damit sich der neue Panzer ausdehnt. Die Atmung ist behindert, da die Kiemen mitgehäutet werden. Dauer: einige Sekunden bis wenige Minuten.
PHASE 3: POSTECDYSIS	Nachhäutungsphase. Weitere Aufnahme von Wasser, Einlagern von Kalzium in den Panzer. Erst nach Aushärten der Mundwerkzeuge nimmt die Garnele wieder Nahrung auf. Dauer: einige Tage.
PHASE 4: ANECDYSIS	In der Zwischenhäutungsphase wächst die Garnele allmählich in ihren anfangs zu großen Panzer hinein. Die Ausbildung der Kutikula wird abgeschlossen. Dauer: mehrere Tage bis einige Wochen.

Caridina logemanni

Bienengarnele

Natürlicher Lebensraum Die Zwerggarnele *Caridina logemanni* ist im südchinesischen Raum weit verbreitet. **Färbung** Diese Garnelenart bildet auch in freier Natur eine Vielzahl farblicher und morphologischer Variationen und Lokalformen aus. Eine der Farbformen, die in der Aquaristik als Schwarzweiße Bienengarnele bekannt ist, kommt aus der Gegend um Hongkong, wo sie klare, schnell fließende Gewässer besiedelt. **Wassertemperatur** Die Tiere fühlen sich in relativ kühlem Wasser wohl. Daher kann auf die Beheizung des Aquariums verzichtet werden, wenn man ausschließlich diese Garnelen in einem Artbecken hält. Bei Wassertemperaturen von deutlich unter 20 °C stellen die Garnelen ihre Vermehrungsaktivitäten ein. Jahreszeitlich bedingt schwankt die Temperatur des Wassers auch im natürlichen Verbreitungsgebiet zwischen 10 –15 °C im Winter und 23–30 °C im Sommer. Während einer Ruhephase in den kühleren Jahreszeiten können sich die Garnelen von den Strapazen der Fortpflanzungszeit erholen. Bei steigenden Wassertemperaturen im Frühjahr findet man dann bald wieder vermehrt Weibchen mit Eiern. **Haltung** In den natürlichen Gewässern sind Bienengarnelen häufig in Laubansammlungen am Grund kleinerer Bäche zu finden, wo sie im Detritus Deckung und Nahrung finden. Ein typisches Artbecken sollte deshalb eine den Boden bedeckende Schicht Herbstlaub aufweisen und zusätzlich mit einigen Wurzeln und Steinen strukturiert werden. Der Bodengrund darf nicht zu grob sein, empfehlenswert sind Sand oder feiner Kies. Ebenfalls wichtig ist eine leichte Strömung. Die Garnelen halten sich gerne in dieser Strömungszone auf, um hier Algen oder andere kleine Organismen zu fangen. Ein üppiger Bewuchs mit Wasserpflanzen bietet gute Verstecke, und Schwimmpflanzen, die den Lichteinfall dämmen, fördern erkennbar das Wohlbefinden der Garnelen. **Besonderheiten** Bienengarnelen werden zum Teil in sehr weichem Wasser gezüchtet. Setzt man die Tiere dann in härteres Wasser um, sind Todesfälle nicht selten. Fragen Sie beim Kauf daher unbedingt immer nach den Wasserwerten! **Auf einen Blick** Größe: 2–3 cm, Wasserhärte: bis ca. 10 °KH, pH-Wert: 6,25–7,5, Temperatur: 10–28 °C, Beckengröße: mindestens 20 Liter.

Was bedeutet **»cf.« im Artnamen?**

ÄHNLICHE ART Einige Garnelen führen ein »cf.« im Namen. Das Kürzel steht für »vergleiche« (lat. »conferre«) und sagt aus, dass die Bestimmung nicht sicher ist, das Tier dieser Art aber fast gleicht.

Caridina logemanni »Crystal Red«

Kristallrote Zwerggarnele

Färbung Mit ihrem leuchtend roten Farbkleid gilt sie als Königin der Süßwassergarnelen und ist aus den Aquarien nicht wegzudenken. Die Crystal Red ist eine Farbform der normalen Bienengarnele und gleicht ihr in allen wichtigen Merkmalen. **Haltung** Beginnen sollte man mit mindestens 15–20 Tieren. **Auf einen Blick** Männchen wie Weibchen erreichen eine Länge von 2,5–4,0 cm und können 18 Monate alt werden. Geeignet ist ein Aquarium mit einem Inhalt ab ca. 20–30 Liter.

Caridina logemanni »Red Bee«

Red Bee-Garnele

Färbung Die Red Bee-Garnele ist ein Kreuzungsprodukt zwischen Bienen- und Hummelgarnele. **Zucht** Zuchtziel sind Tiere mit starker Weißfärbung. Ursprünglich in Japan gezüchtet, gibt es heute auch in Europa eine Reihe von Züchtern, die sich der Red Bee-Garnele verschrieben haben und intensiv an immer neuen Farbvarianten und Zuchtstämmen arbeiten. **Auf einen Blick** Größe: 2–3 cm, Wasserhärte: bis ca. 10 °KH, pH-Wert: 6,25–7,5, Temperatur: 10–28 °C.

Caridina mariae »Blue Tiger«

Blaue Tigergarnele

Färbung Obwohl sich die Blue Tiger in Aussehen und Körperzeichnung von ihren Verwandten deutlich unterscheidet, ist sie eine Farbvariante der *C. logemanni*. **Haltung** Die Ansprüche an Wasserwerte und Temperatur ähneln denen von Bienengarnele und Crystal Red. **Zucht** Die Garnele ist in punkto Nachkommenschaft anscheinend produktiver als die anderen Farbformen, dabei aber auch empfindlicher. **Auf einen Blick** Härte: bis ca. 10 °KH, pH-Wert: 6,25–7,5, Temperatur: 10–28 °C.

Caridina cf. babaulti

Grüne Zwerggarnele

Natürlicher Lebensraum Das Verbreitungsgebiet der Grünen Zwerggarnele reicht von den tropischen und subtropischen Regionen Ostindiens und Myanmars bis in den Irak. **Färbung** Trotz der eindeutigen Farbbezeichnung im Namen kann die Garnele sehr unterschiedlich gefärbt sein: Es gibt hellbraune und grünblaue Tiere, aber auch gelbe, gestreifte und orangefarbene sind keine Seltenheit. Manche Individuen können ihr Farbkleid innerhalb weniger Minuten wechseln. Einige besitzen zusätzlich einen hellen, meist beigefarbenen und unterschiedlich breiten Rückenstrich. **Beschreibung** Die Grüne Zwerggarnele zeigt sich nicht nur in ihrer Färbung, sondern auch in den anatomischen Merkmalen außerordentlich variabel. Um zu verdeutlichen, dass man sich nicht sicher ist, ob alle als Grüne Zwerggarnele bezeichneten Formen tatsächlich zu einer einzigen Art gehören (→ Kasten rechts), hat man das Kürzel »cf.« (→ Seite 16) in den wissenschaftlichen Namen der Garnele eingefügt. **Haltung** Die Art gilt als ausgesprochen friedfertig und ruhig und lässt sich ohne Probleme mit anderen Zwerggarnelen vergesellschaften. Für die Haltung im Gemeinschaftsbecken mit Fischen eignen sich Grüne Zwerggarnelen allerdings weniger. Da die Tiere kaum größer als 3 cm werden, kommen – wenn überhaupt – nur sehr kleine und ruhige Fischarten in Frage. Alle anderen Fische würden speziell junge Garnelen als willkommenes Lebendfutter betrachten. **Zucht** Grüne Zwerggarnelen sind schwieriger zu vermehren als die anderen Zwerggarnelenarten. Statt fertiger Garnelen schlüpfen bei ihnen Larven in einem weit fortgeschrittenen Entwicklungsstadium. Diese Larven schwimmen nicht im Freiwasser, sondern gehen sofort zu einer an den Boden gebundenen (benthischen) Lebensweise über. Für ihre Aufzucht sollte das Aquarium dicht bepflanzt sein und eher selten gereinigt werden, da die Jungtiere auf viel Mulm angewiesen sind und sich von den darin lebenden Mikroorganismen ernähren. Auch die Filtertechnik muss auf die winzigen Larven abgestimmt sein: Sie sollten nur Schwamm- oder Mattenfilter verwenden. **Auf einen Blick** Größe: 1,5–3 cm, Wasserhärte: bis 25 °KH, pH-Wert: 6,8–8,3, Temperatur: 20–31 °C, Beckengröße: ab 20 Liter.

Schwierige **Unterscheidung**

MEHRERE ARTEN? Als *Caridina cf. babaulti* werden wahrscheinlich mindestens zwei verschiedene Arten geführt, die sich in Eigröße und Anzahl der Larvenstadien unterscheiden.

Caridina sp. »Blue Bolt«

Blue-Bolt-Garnele (Shadow Shrimp)

Beschreibung Diese Garnele ist das Ergebnis einer Kreuzung zwischen Red Bee-Garnelen und Tigergarnelen. **Färbung** Blau bis weißlich blau. **Haltung** Ein Bodengrund mit speziellem Soil und die Zugabe von Mineralsalzen verbessern die Pflegebedingungen der Blue Bolt. **Zucht** Problemlos im Süßwasser. **Auf einen Blick** Größe: 2–2,5 cm, Wasserhärte: bis ca. 5 °KH, pH-Wert: 6,25–7,5, Temperatur: 15–25 °C, Beckengröße: ab 10 Liter.

Caridina sp. »Pinto Red«

Pinto-Bolt-Garnele (Shadow Shrimp)

Beschreibung Die Pinto Red ist eine Kreuzungszucht aus Tigergarnelen und Red Bee-Garnelen. **Färbung** Die weißen Flecken auf dem Carapax sind bei dieser Zuchtform ausschlaggebend. **Haltung** Ein Bodengrund mit speziellem Soil und die Zugabe von Mineralsalzen verbessern auch hier die Pflegebedingungen. **Zucht** Problemlos im Süßwasser. **Auf einen Blick** Größe: 2–2,5 cm, Wasserhärte: bis ca. 5 °KH, pH-Wert: 6,25–7,5, Temperatur: 15–25 °C, Beckengröße: ab 10 Liter.

Caridina sp. »Tai-Ti-Bee«

Tai-Ti-Bee (Shadow Shrimp)

Beschreibung Die Tai-Ti-Bee ist eine Kreuzungszucht zwischen Shadow-Garnelen und Tigerbienen. **Färbung** Farbe und Musterung sind sehr variabel. **Haltung** Diese Garnele bevorzugt Weichwasser. **Zucht** Erfolgreicher ist die Zucht mit Zugabe von speziellen Mineralsalzen. **Auf einen Blick** Größe: 2–2,5 cm, Wasserhärte: bis ca. 5 °KH, pH-Wert: 6,25–7,5, Temperatur: 15–25 °C, Beckengröße: ab 10 Liter.

Atya gabonensis

Riesenfächergarnele

Natürlicher Lebensraum Westliches Afrika und Ostküste Südamerikas. **Beschreibung** Die Männchen der Riesenfächergarnele werden 16 cm groß und besitzen kräftige, stark bedornte Schreitbeine. **Haltung** Trotz der Größe sind die Garnelen für andere Aquariumbewohner völlig ungefährlich, da sie sich nur von Schwebepartikeln ernähren. Die Tiere lieben starke Strömung. **Auf einen Blick** Größe: 10–16 cm, Härte: bis 10 °KH, pH-Wert: 6,25–7,5, Temperatur: 20–30 °C.

Atya scabra

Grüne Fächergarnele

Natürlicher Lebensraum Von Westafrika über die Kleinen und Großen Antillen und an der Ost- und Westküste Mittelamerikas bis nach Brasilien. Die Grüne Fächergarnele besiedelt hauptsächlich kleine Flüsse und Bäche mit starker Strömung. **Färbung** Im Handel gibt es zwei Farbvarianten dieser Garnele: grünlich-grau marmoriert und braun mit hellem Rückenstreifen. **Auf einen Blick** Größe: 8–12 cm, Härte: sehr gering, pH-Wert: ca. 7,5, Temperatur: 22–24 °C.

Atyoida pillipes

Indopazifische Fächergarnele

Natürlicher Lebensraum Von Indonesien über Neu-Guinea bis in den pazifischen Raum. **Färbung** Lebhaft gezeichnet, braun-rötlich bis grau. Die vielen Varianten von *Atyoida pillipes* führen immer wieder zu falschen Bezeichnungen und Verwechslungen. **Haltung** Ruhige Aquarienbewohner, die sich sehr gerne im Strömungsbereich aufhalten, um das Wasser nach Schwebeteilchen und Partikeln zu filtern. **Auf einen Blick** Größe: 4–5 cm, Temperatur: 22–28 °C.

Atyopsis moluccensis

Molukkengarnele

Natürlicher Lebensraum Vor allem Indonesien, insgesamt aber weites Verbreitungsgebiet von Indien bis zu den Fidschi-Inseln. **Name** Wird auch Gebirgswasser- oder Bergbachgarnele genannt, weil sie in schnell fließenden Bächen lebt. **Färbung** Braun bis grün. **Haltung** Sehr friedlich; nach Eingewöhnungszeit auch tagaktiv, wenn sie nicht von anderen Bewohnern belästigt wird. **Auf einen Blick** Größe: 7–9 cm, Härte: bis 15 °KH, pH- Wert: 6,25–7,5, Temperatur: 22–28 °C.

Neocaridina palmata

Weiße Zwerggarnele (White Pearl)

Natürlicher Lebensraum China. **Haltung** Die Weißperlengarnele gehört heute zum Standardsortiment des Fachhandels. Sie ist extrem anpassungsfähig und bei den Aquarianern sehr beliebt. **Beschreibung** Es ist nicht sicher, ob die Art richtig zugeordnet wird. Eine eindeutige Bestimmung wird dadurch erschwert, dass bei uns eine Farbzuchtvariante dieser Garnele gehalten wird. **Auf einen Blick** Größe: 2–2,5 cm, Härte: sehr tolerant, Temperatur: 10–30 °C (Zucht 22–24 °C).

Caridina multidentata

Amanogarnele

Natürlicher Lebensraum Südliches Zentraljapan, in Flüssen, die in den Pazifik münden. **Name** Geht auf den Japaner Takashi Amano zurück, der die Art mit seinen Natur-Aquarien berühmt machte. **Haltung** Lebenserwartung ca. 6 Jahre. **Zucht** Nachzucht im Süßwasseraquarium nicht möglich, da die Larven zur Entwicklung Salzwasser brauchen. **Besonderheit** Hält das Becken frei von Algen. **Auf einen Blick** Größe: 3–4,5 cm, Härte: bis 20 °KH, pH-Wert 7,0–8,3, Temperatur: 18–28 °C.

Neocaridina davidi »Red«

Red Fire- oder Red Cherry-Garnele

Natürlicher Lebensraum Ursprünglich Südostasien, heute aber dank menschlicher Hilfe auch in weiten Teilen Chinas und sogar auf Hawaii. **Haltung** Sehr robust, stellt nur wenige Ansprüche. *Neocaridina davidi* ist eine ideale Garnele für Einsteiger, kann auch in kleinen Becken erfolgreich gehalten und gezüchtet werden. **Auf einen Blick** Größe: bis 4 cm, Härte: von sehr weich bis extrem hart, pH-Wert: sehr tolerant (ideal ca. 7), Temperatur: 4–32 °C (ideal 15–30 °C).

Neocaridina davidi »Yellow«

Gelbe Cherry-Garnele

Färbung Die gelbe Form hat viele Liebhaber gefunden. Wie bei der Red Fire sind die Männchen schwächer gefärbt als die Weibchen. **Zucht** Wie bei der roten Variante beträgt die Tragzeit ca. vier Wochen. Die an den Schwimmbeinen klebenden Eier sind gelblich bis grün und mit bloßem Auge zu erkennen. Es schlüpfen fertige und farblose Jungtiere. **Auf einen Blick** Größe: bis 4 cm, Härte: von sehr weich bis extrem hart, pH-Wert: sehr tolerant (ideal ca. 7), Temperatur: 4–32 °C (ideal 15–30 °C).

Neocaridina davidi »Blue«

Blaue Cherry-Garnele

Beschreibung Diese Aquarienzuchtform ist etwas kleiner als die anderen Farbformen. **Färbung** Tiefblau bis hellblau. **Haltung** Sie ist zwar nicht so robust wie die rote Farbform, kann aber dennoch problemlos gepflegt werden. **Besonderheit** Momentan wird diese Farbform noch als *Neocaridina davidi* »Blau« geführt. Das kann sich aber in Zukunft ändern. **Auf einen Blick** Größe: 1,5–2 cm, Wasserhärte: bis ca. 10 °KH, pH-Wert: 6,25–7,9, Temperatur: 10–27 °C, Beckengröße: ab 10 Liter.

Neocaridina davidi »Black«

Schwarze Cherry-Garnele

Beschreibung Diese Aquarienzuchtform findet man auch oft als Black-Rose-Garnelen im Handel. Hierbei handelt es sich um die gleiche Farbform. **Färbung** Dunkelbraun bis schwarz. **Haltung** Für Anfänger geeignet. **Zucht** Im Süßwasser gut möglich. **Besonderheit** Einige der Tiere weisen einen hellen Rückenstrich auf. **Auf einen Blick** Größe: 2–2,5 cm, Wasserhärte: bis ca. 10 °KH, pH-Wert: 6,25–7,9, Temperatur: 10–25 °C, Beckengröße: ab 10 Liter.

Neocaridina davidi »Red Rili«

Rote Rili-Garnele

Beschreibung Lange Zeit wurden Tiere, die Farbmängel aufwiesen, von den Züchtern aussortiert. Mittlerweile ist diese Aquarienzuchtform etabliert und in der Garnelenhaltung weit verbreitet. **Färbung** Sehr variabel, die Kombination von Färbung und farblosen Stellen ist ausschlaggebend. **Haltung** Einfach. **Zucht** Problemlos im Süßwasser. **Auf einen Blick** Größe: 2–2,5 cm, Wasserhärte: bis ca. 10 °KH, pH-Wert: 6,25–7,9, Temperatur: 10–25 °C, Beckengröße: ab 10 Liter.

Neocaridina davidi »Carbon Rili«

Carbon Rili-Garnele

Beschreibung Die Kombination Farbe/farblos ist bei dieser Zuchtform charakteristisch. **Färbung** Schwarz/transparent. **Besonderheit** Eine sehr variable Farbform, da die transparenten Stellen oft bläulich erscheinen, was verschiedene Kombinationen möglich macht. Einige Tiere weisen Rückenstreifen auf, die nicht selten von farblosen Stellen unterbrochen sind. **Auf einen Blick** Größe: 2–2,5 cm, Wasserhärte: bis ca. 10 °KH, pH-Wert: 6,25–7,9, Temperatur: 10–25 °C, Beckengröße: ab 10 Liter.

Macrobrachium assamense

Ringelhandgarnele

Natürlicher Lebensraum Indien, Pakistan, Myanmar. **Beschreibung** Ausgewachsene Männchen erkennt man an den kräftigen, langen Scherenbeinen. **Färbung** Jungtiere mit auffällig leuchtend rotschwarz gebänderten Scheren. Bei den geschlechtsreifen Tieren verschwindet die Farbe. **Zucht** Lässt sich problemlos vermehren. **Besonderheit** Am besten nur ein dominantes Männchen pro Aquarium. **Auf einen Blick** Größe: 5–8 cm, Härte: bis 20 °KH, pH-Wert: 7,0–8,3, Temperatur: 14–28 °C.

Macrobrachium lanchestri

Glasgarnele

Natürlicher Lebensraum Tieflandgewässer von Myanmar und Thailand, in Seen und Tümpeln und selbst in Reisfeldern. **Haltung** Glasgarnelen sind friedlicher als die meisten anderen Großarmgarnelen, sie können daher auch als Gruppe gehalten werden. **Besonderheit** Wahrscheinlich die erste für die Haltung im Aquarium importierte Süßwassergarnele. **Auf einen Blick** Größe: 3–8 cm, Härte: bis 30 °KH, pH-Wert: 6,4–8,3, Temperatur: 23–33 °C.

Macrobrachium dayanum

Schoko- oder Rotscherengarnele

Natürlicher Lebensraum Indien und Bangladesch. **Beschreibung** Äußerlich kaum von *M. assamense* zu unterscheiden. **Haltung** Das Aquarium muss gut strukturiert sein, um schwächeren Tieren, Eier tragenden Weibchen und frisch gehäuteten Garnelen Verstecke und Rückzugsmöglichkeiten zu bieten. **Zucht** Vermehrt sich bei genügend Platz und proteinreichem Futter ohne zusätzliche Hilfe. **Auf einen Blick** Größe: 5–8 cm, Härte: bis 20 °KH, pH-Wert: ca. 7,0, Temperatur: 20–27 °C.

Macrobrachium rosenbergii

Rosenbergs Großarmgarnele

Natürlicher Lebensraum Küstenregionen von Südostasien und Indonesien bis nach Australien. **Beschreibung** Die Art wird hier exemplarisch für die verschiedenen Großarmgarnelen vorgestellt, die im Fachhandel immer wieder als Glasgarnelen angeboten werden, weil man ihre Jugendstadien kaum unterscheiden kann. *M. rosenbergii* ist die bisher größte bekannte Süßwassergarnele. Die ausgewachsenen Männchen erreichen eine Körperlänge von mehr als 30 cm. Bei unzureichender Fütterung legen die Garnelen oft kaum an Größe zu, um dann jedoch unvermittelt in kurzer Zeit enorm zu wachsen. Für alle anderen Bewohner im Aquarium bedeutet das höchste Gefahr, da diese Großarmgarnele ein äußerst geschickter und erfolgreicher Fischjäger ist und in kürzester Zeit ein Becken leer fischen kann. Auch Schnecken und selbst die eigenen Artgenossen sind vor ihr nicht sicher.

Haltung In einem normal besetzten Gesellschaftsaquarium können diese und ähnlich große Garnelenarten nicht gehalten werden. **Färbung** Die leuchtend blauen Scheren der voll entwickelten Männchen sind das typische Erkennungsmerkmal dieser Art. **Zucht** Die Vermehrung im Süßwasseraquarium ist nicht möglich. Wie bei vielen im küstennahen Bereich lebenden *Macrobrachium*-Arten schlüpfen aus den bis zu 150 000 Eiern eines Weibchens primitive Larven, die mehrere Stadien im Brackwasser durchlaufen müssen, bevor sie sich zu fertigen Garnelen häuten. Jede Entwicklungsstufe braucht ein spezielles Futter. **Besonderheit** Die Art findet in der Aquakultur Verwendung und wird in ungeheuren Mengen (200 000 t pro Jahr) für die Lebensmittelindustrie produziert. Neuere Untersuchungen haben gezeigt, dass viele Garnelen, die in der Aquakultur und bei uns im Zoofachhandel angeboten werden, nicht zu *Macrobrachium rosenbergii*, sondern zu der sehr nahe verwandten Art *M. dacqueti* gehören. Für den Aquarianer hat diese Erkenntnis jedoch keine Bedeutung, da alle großwüchsigen Garnelenarten der Gattung *Macrobrachium* für ähnliche Probleme im Becken sorgen. Ihre Haltung sollte den Spezialisten mit genügend Platz und einem großen Artbecken vorbehalten bleiben. **Auf einen Blick** Größe: bis 32 cm, Härte: bis 20 °KH, pH-Wert ca. 7,0, Temperatur: 22–28 °C.

Garnelenkauf mit **Rückgaberecht**

KAUFRECHT Der Kauf von Großarmgarnelen ist Vertrauenssache. Bestehen Sie auf Rückgabe, falls sich aus der gewünschten kleinen »Glasgarnele« eine Fische fressende Riesengarnele entwickelt.

SO WOLLEN GARNELEN LEBEN

Es gibt unter den Garnelen sowohl friedliche Schwarmtiere als auch streitsüchtige Einzelgänger. Je nach Art, die Sie erfolgreich pflegen möchten, müssen Sie die speziellen Bedürfnisse berücksichtigen.

Generelle Haltungsansprüche

Für die Aquarienhaltung haben die Zwerg-, Fächer- und Großarmgarnelen die größte Bedeutung.

Zwerggarnelen

Zwerggarnelen sind äußerst gesellige Tiere, die gerne mit vielen Artgenossen zusammenleben. Auch wenn es dann und wann kleinere Streitigkeiten um einen Leckerbissen gibt, geht alles sehr friedlich zu. Körperlich unterlegene Garnelen müssen sich nicht verstecken, und es kommt nie zu Verletzungen. Auch die verschiedenen Zwerggarnelenarten verhalten sich untereinander nicht aggressiv. Im Gegenteil: Bei nahe verwandten Arten besteht eher das Risiko von unerwünschten Verpaarungen, was nicht im Sinne des Halters ist. Beginnen sollten Sie mit mindestens zehn Tieren einer Art. Je größer die Startpopulation ist, desto vermehrungsfreudiger zeigen sich die Zwerggarnelen.

Fächergarnelen

Die großen Fächer- oder Radargarnelen verhalten sich sowohl gegenüber den eigenen Artgenossen als auch gegenüber anderen Fächergarnelen friedfertig. Da sich diese Arten im Aquarium nicht vermehren, besteht keine Gefahr einer Hybridisierung (Paarung verschiedener Arten).

Großarmgarnelen

Großarmgarnelen leben gerne paarweise oder in kleinen Familienverbänden. Auf Dauer kann nur ein dominantes Männchen mit einigen Weibchen zusammenleben. Sind weitere Männchen im Becken, werden sie unterdrückt, bleiben im Wachstum zurück und nehmen das Aussehen weiblicher Tiere an. Die Männchen kämpfen während der Häutung des Alpha-Mannes um die Führung. Verliert er dabei die großen Scheren, büßt er die Chefposition ein.

Vorbereitungen und Einzug ins Aquarium

Ein neues Aquarium muss schon vor dem Kauf seiner Bewohner vollständig eingerichtet werden und einige Zeit probelaufen, damit sich die Wasserverhältnisse stabilisieren können.

Ein neues Aquarium braucht Zeit

In einem neuen Aquarium siedeln sich vor allem im Filtersystem und Bodengrund mehrere Bakterienarten an. Sie sorgen dafür, dass Chemismus und Qualität des Wassers gleich bleiben und für die künftigen Aquarienbewohner ungefährlich sind. Am Anfang kommt es durch bakterielle Abbauprozesse zum deutlichen Anstieg der Nitritkonzentration, die erst nach einiger Zeit durch die weitere Tätigkeit der Bakterien wieder abgebaut wird. Fische reagieren sehr empfindlich auf hohen Nitritgehalt, Garnelen deutlich weniger. Verantwortlich dafür sind die unterschiedlichen Blutfarbstoffe: Bei Fischen wie bei allen Wirbeltieren transportiert Hämoglobin den Sauerstoff im Blut, bei Garnelen ist es Hämocyanin.

Planen Sie für Ihr neu eingerichtetes Aquarium eine ausreichend lange Einlaufzeit ein. Sie bieten damit den zukünftigen Bewohnern, ob Fische oder Garnelen, die besten Startbedingungen.

Nitrit blockiert den Sauerstofftransport des Hämoglobins, die Fische ersticken trotz guter Belüftung. Bei Hämocyanin kommt es nicht zur Nitritbindung, die Gefahr des Erstickens ist für die Garnelen gering. Insgesamt aber sind die schwankenden Wasserverhältnisse während der ersten Zeit nach Einrichtung für keinen Organismus gesund. Es kann zwei bis vier Wochen dauern, bis die Anlaufphase beendet ist. In dieser Zeit sollten Sie regelmäßig den Nitritgehalt des Wassers messen. Verkürzen können Sie die Wartezeit bis zum Einsetzen der Tiere, wenn das Aquarium ganz oder teilweise mit Altwasser aus einem anderen Becken gefüllt wird. Die für die Wasserstabilität so wichtigen Bakterien kann man auch über gebrauchtes Filtermaterial oder bereits belebten Bodengrund einbringen.

Einzug ins Gesellschaftsbecken

Bevor Garnelen in ein bestehendes Gesellschaftsbecken eingesetzt werden, muss man einige technische Veränderungen vornehmen.

Nur mit Abdeckung Oben offene Aquarien eignen sich für die Haltung von Garnelen nicht. Die Tiere können herausklettern oder springen – je nach Art sogar direkt aus dem Wasser. Man findet sie dann vertrocknet neben dem Becken, da sie wegen ihres zarten Körperbaus und der dünnen Beine nicht in der Lage sind, selbst kürzeste Strecken »an Land« zurückzulegen.

Filterschutz Die Ansaugöffnung eines Außenfilters sichert man mit Schaumstoff-Filterpatronen, damit keine Garnele durch die meist groben Gitterkörbe in den Filter gezogen oder durch den Sog verletzt werden kann.

Frischwasser Vor dem Einsetzen der Garnelen in das Gesellschaftsbecken empfiehlt sich ein nicht zu sparsamer Wasserwechsel.

Garnelen **für Einsteiger**

TIPPS VOM GARNELEN-EXPERTEN
Chris Lukhaup

SCHOKOGARNELE Wenn Sie mit einem Artbecken starten wollen, eignet sich neben verschiedenen Zwerggarnelen auch die Schoko- oder Rotscherengarnele (*Macrobrachium dayanum* → Seite 24) als Einsteigergarnele. Diese Großarmgarnele ist etwas größer als eine Zwerggarnele, vermehrt sich problemlos, zeigt ein überaus interessantes Verhalten und lässt sich bei ausgewogener Fütterung und richtiger Gestaltung des Beckens über viele Generationen halten.

RED FIRE-ZWERGGARNELE Als außerordentlich robust erweist sich die Red Fire-Zwerggarnele (*Neocaridina davidi* → Seite 22). Sie verträgt Temperaturen von 4 °C (kurzzeitig) bis über 30 °C, ist leicht zu vermehren und akzeptiert sowohl weiches wie hartes Wasser. Nur beim Umsetzen und Eingewöhnen ist etwas Sorgfalt nötig.

SCHWIERIGE GEMEINSCHAFT Für die Haltung im Gesellschaftsbecken sind Großarmgarnelen generell kaum geeignet, da selbst kleine Fütterungsfehler zu Problemen mit den Mitbewohnern führen können.

Woher bekomme ich meine Garnelen?

Süßwassergarnelen werden immer beliebter und werden in vielen Zoofachgeschäften und im Internet angeboten. Vorteile bieten nach wie vor der Kauf beim Züchter, auf einer Aquaristik-Fachmesse oder der Tauschbörse eines Aquarienvereins.

Zoofachgeschäft

In den Aquaristikabteilungen des Zoofachhandels gehören Süßwassergarnelen heute fast schon zum Standardsortiment. Dieser Ratgeber stellt die am häufigsten gehaltenen Arten vor (→ Seite 16–25), es kommen aber ständig neue Arten und Formen in den Handel.

Verwirrende Namen Viele der Tiere stammen von Zuchtfarmen in Südostasien, wo neben neuen Farbvarianten auch Hybride gezüchtet und angeboten werden. Dagegen ist eigentlich nichts einzuwenden, solange die Neuschöpfungen auch als solche deklariert und nicht mit irreführenden Phantasienamen als neue Arten angepriesen werden. Ganz besonders groß ist der Namenswirrwarr bei Neuimporten aus Wildfängen. Bei vielen von uns überprüften Arten erwiesen sich die Angaben in den Importlisten als falsch, zum Teil fanden wir hier sogar Gattungsnamen anderer Tiergruppen wie etwa Spinnen. Der Einzelhändler kann die falschen Bezeichnungen meist nicht korrigieren, weil die Artbestimmung sehr aufwendig ist.

Unbedingt informieren Holen Sie vor dem Kauf möglichst genaue Informationen über die in Frage kommende Art ein. Selbst im Fachhandel stößt man auf krasse Fehlangaben, sogar Flusskrebse werden als Garnelen angeboten – und umgekehrt.

Züchter

Am sichersten ist der Kauf vom Züchter. Er kennt in der Regel die Arten oder zumindest ihre Ansprüche und Verhaltensweisen, da er sonst keine Zuchterfolge hätte. Bei einem Züchter in Ihrer Nähe können

Gesunde Garnelen wie diese *Caridina sp.* »Red Shadow« sind kräftig gefärbt, flink und immer geschäftig.

Sie die Tiere begutachten und selbst abholen. Der fachgerechte Versand schadet den Garnelen nicht, sollte aber trotz der prinzipiell immer notwendigen Isolierverpackung bei hochsommerlichen Temperaturen oder starkem Frost unterbleiben.

Bestellung per Internet

Im Internet kann man unter einem großen Angebot auswählen. Wie bei allen Geschäften, bei denen die Ware vor dem Kauf nicht beurteilt werden kann, liegen die Nachteile auf der Hand. Außer bei nachweislich seriösen Anbietern ist man nie sicher, welche Garnelenart und vor allem in welchem Zustand geliefert wird. Meist erhalten Sie auch keine verlässlichen Angaben über die Wasserverhältnisse, an die Ihre neuen Garnelen gewöhnt sind. Eine direkte Order bei Anbietern in Südostasien oder anderen Ursprungsgebieten lohnt sich für Privatkunden kaum, auch wenn die Garnelen einen mehrtägigen, sachgemäßen Transport gut überstehen. Fast immer machen die hohen Transportkosten oder die Mindestabnahmemengen einen Import für Einzelkunden unwirtschaftlich.

Tauschbörsen und Fachmessen

Speziell für den Einsteiger stellen Tauschbörsen von Aquarienvereinen und Aquaristik-Fachmessen eine sehr gute Gelegenheit dar, um mit erfahrenen Haltern und Züchtern ins Gespräch zu kommen, die verschiedenen Garnelenarten vor Ort in Augenschein zu nehmen und aus einem großen Angebot seine Wunschtiere auszusuchen.

Woran erkenne ich **gesunde Garnelen?**

MERKMAL	BESCHREIBUNG
BEWEGUNG	Garnelen, die sich wohlfühlen, sind fast immer aktiv und bewegen sich flink durchs Becken. Beim Fangversuch flüchten sie sofort, entweder mit einer sprunghaften Bewegung rückwärts oder durch rasches Schwimmen nach vorne.
FÄRBUNG	Die artspezifische Körperfärbung muss kräftig sein, nur beim und nach dem Fang und Transport dürfen die Tiere blasser werden. Der Körper durchscheinender Arten sollte nicht milchig-trüb sein.
PANZER	Der Panzer hat weder untypische schwarze oder rostbraune Flecken noch Löcher oder Beulen.
AUGEN	Die Augen sind klar, meist dunkel pigmentiert, ohne grauen Schleier.
BEINE	Wenn einzelne Beine, Scheren oder Fühler fehlen, ist das nicht tragisch, sie wachsen bei der nächsten Häutung nach. Solche Unfälle passieren beim Transport oder im Zwischenlager, weil dort die Dichte hoch ist.
HÄUTUNG	Kurz vor der Häutung hebt sich der Rückenpanzer ganz leicht an der Naht zum Hinterleib. In diesem Stadium sollte man die Tiere nicht transportieren oder umsetzen. Gleiches gilt auch, wenn die Garnelen frisch gehäutet sind und ihr Panzer noch sehr weich ist.

Transport und Eingewöhnung

Der Heimtransport und das Umsetzen in das neue Aquarium erfordern Geduld, Sorgfalt und Fingerspitzengefühl, um die Garnelen nicht über Gebühr unter Stress zu setzen oder gar zu schädigen.

Gut verpackt auf die Reise

Für kurze Transporte können Garnelen wie Fische in Plastikbeuteln verpackt werden.

Stressfrei im Dunkeln Dauert die Fahrt länger, sollten Sie eine Isolierbox benutzen, um mögliche Temperaturschwankungen zu vermeiden. Lässt sich keine Styroporschachtel auftreiben, kann man sich mit einer Picknick-Kühlbox behelfen. Zusätzlicher Vorteil: In der Dunkelheit der Box sind die Tiere nicht mehr den wechselnden Lichtverhältnissen ausgesetzt und reisen stressfreier.

Etwas zum Festhalten Im Transportbehälter muss sich ein Stoff- oder Pflanzenteil befinden, an dem sich die Tiere festhalten können. Dieses Objekt sollte leicht, weich und chemisch unbedenklich sein. Gut bewährt haben sich kleine Stücke von Filtermatten, aber auch feinfiedrige Wasserpflanzen und Java- oder Quellmoose. Da die Pflanzen selbst in der lichtgeschützten Box Sauerstoff verbrauchen, sollte man sie nur auf kürzeren Fahrten verwenden. Kunststoffnetze sind eher gefährlich: Bei ungünstiger Maschenweite bleiben die Garnelen im Netz hängen, verletzen sich oder sterben bereits während des Transports.

Solo auf Reisen Großarmgarnelen sollten einzeln verpackt werden, speziell dominante Männchen mit langen Scherenbeinen. Selbst wenn sie zuvor ohne Probleme gemeinsam in einem Becken gelebt haben, sind Konflikte durch die Aufregung und die Enge des Transportbehälters nicht ausgeschlossen. Scheren- und Beinverluste oder Schlimmeres sind dann die Folgen. Ebenfalls solo auf Reisen gehen die großen Fächergarnelen. Sie attackieren sich zwar nicht, können aber wegen ihrer Größe und dem nicht geringen Körpergewicht aneinanderschlagen und sich verletzen.

Garnelen können sehr gut mit ruhigen, friedlichen und nicht zu großen Fischen in einem Gesellschaftsaquarium gehalten werden.

Sind die Wasserwerte gleich, genügt es zur Temperaturanpassung bei einem Neubesatz, wenn man den Transportbeutel einfach ins Wasser legt.

Nach dem Temperaturausgleich entlässt man die Garnelen samt dem Transportmaterial ins Becken und fischt dieses heraus, sobald die Tiere es verlassen haben.

Ungeeignet Mit festen Kunststoffbehältern wie etwa PET-Flaschen haben wir beim Transport von Garnelen keine guten Erfahrungen gemacht, da hier häufig Ausfälle zu beklagen waren.

Ans Wasser gewöhnen

Einige Garnelenarten sind sehr anpassungsfähig gegenüber unterschiedlichen Wasserwerten. Trotzdem muss man beim Umsetzen sorgfältig vorgehen.

› Bei Tieren aus identischen Wasserverhältnissen muss man nur die Transporttüte zum Temperaturausgleich ins Becken legen (→ Bild oben).

› Sind die Wasserwerte unterschiedlich oder unbekannt, ist ein Umgewöhnen unerlässlich. Dazu kommen die Garnelen samt Transportwasser in einen Eimer, dem tropfenweise Wasser aus dem neuen Becken beigemischt wird. Hierfür eignet sich ein handelsüblicher Luftschlauch (Durchmesser: 4–6 mm). Den Durchfluss regelt eine Klemme.

› Hat sich die Wassermenge im Eimer dann nach frühestens ein bis zwei Stunden mehr als verdoppelt, kann man die Garnelen behutsam mit dem Netz fangen und umsetzen.

› Achten Sie darauf, dass die Tiere nicht aus dem Netz springen. Bei Zwerggarnelen kann die Suche sehr lange dauern, weil die feuchten Tiere an jeder Oberfläche haften. Es ist nicht einfach, sie ohne zu drücken mit den Fingern aufzunehmen. Am besten ergreift man sie vorsichtig an den Antennen.

Umsetzen mit Gefühl

SCHWIERIGE PHASE Wer sich beim Umsetzen der Garnelen keine Zeit lässt, gefährdet ihr Leben.

LANGSAM UMSTELLEN Ein abrupter Wechsel von Temperatur und Wasserchemie kann zur Panikhäutung und zum Tod der Tiere führen.

LANGZEITFOLGEN Ob das Umsetzen erfolgreich war, zeigt sich oft erst bei der nächsten Häutung.

Größe und Technik des Aquariums

Neben der zur jeweiligen Garnelenart passenden Beckengröße sind Licht, Filter und Heizsystem die wichtigsten Bausteine für eine artgerechte Haltung.

Das richtige Becken

Für Zwerggarnelen Aquarien ab 20 Liter Inhalt sind für die kleinen Garnelen gut geeignet. Es gibt spezielle Einsteigersets, die man mit wenigen Modifikationen für Zwerggarnelen anpassen kann. Empfehlenswert sind auch handelsübliche 54-Liter-Becken mit 60 cm Kantenlänge.

Für Großarmgarnelen Die großen Garnelenarten brauchen ein größeres Becken. Ein Aquarium mit 20 Liter bietet bestenfalls einem Großarmgarnelen-Pärchen genug Platz, stellt sich Nachwuchs ein, wird es sehr schnell zu eng.

Größe zählt Nach oben hin ist bei der Größe des Aquariums keine Grenze gesetzt. Selbst in einem Pflanzenaquarium mit mehreren hundert Litern ist ein Schwarm mit einigen Dutzend geschäftigen Zwerggarnelen ein überwältigender Anblick. Genügsame Zwerggarnelen könnten in einem Becken mit 10–12 Liter leben. Wir raten von solchen Kleinaquarien jedoch eher ab, nicht zuletzt weil es außerordentlich schwer ist, die Wassertemperatur konstant zu halten. Je größer ein Becken ist, desto stabiler wird das »System Aquarium«.

Ausbruchsicher Jedes Aquarium für Garnelen muss so gesichert werden, dass die Tiere nicht herausklettern können. Einige Arten sind wahre Ausbrecherkönige, andere springen über die Wasseroberfläche hinaus. Garnelen können zwar für kurze Zeit atmosphärische Luft atmen, vertrocknen dann jedoch sehr schnell.

Beleuchtung

Eine gute Aquarienbeleuchtung ist grundsätzlich von Vorteil. Das Licht fördert das Pflanzen- und Algenwachstum, so dass speziell für Zwerggarnelen neben dem normalen Futter immer genügend natürliche Aufwuchsnahrung vorhanden ist. Handelsübliche Aquarienabdeckungen mit integrierter Leuchtstoffröhre reichen hier völlig aus. Erhöhen kann man die Lichtausbeute durch einen zusätzlichen Reflektor. Eine Schwachstelle im System stellen die Durchführöffnungen für Schläuche und Kabel in den Abdeckungen dar, die häufig so großzügig dimensioniert sind, dass die Garnelen leicht aus dem Becken klettern können. Die Schlupflöcher

Sand und feiner Kies sind ein guter Bodengrund. Für Weichwasserbewohner muss er kalkfrei sein.

lassen sich jedoch ohne viel Aufwand beheben, indem man Filterwatte oder passend zugeschnittenen Schaumstoff in die Öffnungen klemmt.

Nicht in die Sonne Wenn ein Aquarium direkter Sonneneinstrahlung ausgesetzt wird, lassen sich Temperaturschwankungen nicht vermeiden, was keiner Garnelenart gut tut. Darüber hinaus kommt es zum unkontrolliert starken Algenwachstum.

Filterung

Nicht jedes handelsübliche Filtersystem ist für ein Garnelenbecken geeignet. Das gilt zum Beispiel für manche motorbetriebenen Schnellfilter in Einsteiger-Sets: Der Filterstrom saugt die Junggarnelen an, und es stellt sich kaum Nachwuchs ein.

Hamburger Mattenfilter Besser bewähren sich Schwammfilter wie der »Hamburger Mattenfilter«,

1 HERBSTLAUB Herbstlaub ist ein wichtiger Bestandteil in einem Garnelenaquarium. Die Blätter sammelt man nach dem Laubfall im Herbst und lässt sie gründlich trocknen. So kann man sie auch längere Zeit aufbewahren. Vor der Verwendung werden sie entweder gewässert oder man gibt sie trocken ins Becken. Nach wenigen Tagen sinken sie dann auf den Aquarienboden.

2 HOLZSTÜCKE Mit Holz kann man im Becken wunderbare Strukturen erschaffen. Seine Oberfläche wird von Mikroorganismen besiedelt, die vor allem von Zwerggarnelen gerne abgeweidet werden. Holzstücke, die in der Filterströmung angebracht werden, sind für Fächergarnelen ideale Sitzwarten. Je mehr Verästelungen das Holz hat, desto besser können sich die Tiere festhalten.

3 STEINE Gesteinsstücke mit unterschiedlichen Lochgrößen bieten den Garnelen und ganz besonders ihrem Nachwuchs willkommene Verstecke und Rückzugsmöglichkeiten. Da Lochgestein und Tuffsteine kalkhaltig sind und das Wasser härter machen, sollten sie nicht in Weichwasserbecken verwendet werden. Hier eignen sich kristalline Gesteine wie Granit, Quarze und Schiefer.

den man aus Filterschaumstoffmatten und einem Luftheber leicht selbst herstellen kann. Der Mattenfilter vereint die Vorzüge einer großen Filteroberfläche mit geringer Durchströmgeschwindigkeit.

Patronenfilter Auch die im Handel erhältlichen Patronenfilter mit Lufthebertechnik erfüllen ihre Aufgabe zuverlässig. Die Garnelen weiden mit Vorliebe die Oberfläche des Filters ab.

Bodenfilter Die Filterung durch den Bodengrund ist vor allem für größere Aquarien interessant. Der Bodengrund über dem Filter darf nicht bepflanzt werden, weil er regelmäßig mit einer Mulmglocke gereinigt werden muss. Für Fächergarnelen kann man mit dem Bodenfilter über einen Topf-Außenfilter starke Strömungen erzeugen, ohne dass die schwebenden Nahrungspartikel wie Futterteilchen und Plankton in den Filter gesaugt werden. Eine große Filteroberfläche ist hier vorteilhaft.

Heizung

Zur Temperaturregelung verwendet man am besten die üblichen Thermostatheizstäbe. Es wird häufig die Meinung vertreten, dass in Garnelenaquarien keine Heizung nötig ist, weil die Tiere bei Zimmertemperatur leben können. Das trifft jedoch nur auf einige wenige Arten zu.

Vorzugstemperaturen Viele Garnelen fühlen sich nur in ganz bestimmten Temperaturbereichen wohl. Allein unter diesen Bedingungen zeigen sie ihr natürliches Verhalten, sind aktiv und gesund und vermehren sich. Angaben zu den Temperaturansprüchen finden Sie in den Beschreibungen der einzelnen Arten (→ Seite 16–25).

Überhitzungsgefahr Viele Garnelenarten vertragen hohe Temperaturen sehr schlecht, was vor allem während der heißen Jahreszeit zum Problem werden kann. Die Durchlüftung des Aquariums ist

Ein Schwammfilter mit Lufheberbetrieb ist leicht zu reinigen und stellt für kleine Garnelenbecken eine gute und preiswerte Lösung dar.

Hamburger **Mattenfilter**

EINFACH GENIAL Der Hamburger Mattenfilter ist ein einfaches und sehr wirkungsvolles Filtersystem.

SCHNELL INSTALLIERT Eine Filtermatte (Fachhandel) wird im Becken mit Kunststoff- oder Glasstreifen so angebracht, dass dahinter ein kleiner Hohlraum entsteht. Das ist über eine Ecke des Aquariums oder an der Seitenscheibe möglich.

WASSERFLUSS Hinter der Matte sitzt eine Motorpumpe oder ein Luftheber. Durch den entstehenden Unterdruck strömt Aquarienwasser langsam über eine große Fläche durchs Filtermedium und wird über die Matte zurück ins Becken gepumpt.

FUTTERQUELLE Zwerggarnelen weiden die Oberfläche des Filters regelrecht ab.

oft unzureichend, weil man die Abdeckung wegen der Gefahr des Herauskletterns nicht einfach entfernen kann, und es kommt schnell zum Hitzestau. Notfalls müssen Sie die Beleuchtung am Tag abschalten und die Abdeckung durch ein feines Gitter ersetzen oder eine Ventilatorkühlung anbringen.

Geschlossene Aquariensysteme

Vor allem über das Internet wird unter dem Namen »Ecosphere« eine besondere Form der Garnelenhaltung angeboten, bei der die Tiere in dicht verschlossenen Glaskugeln unterschiedlicher Größe leben – in der kleinsten Version in Kugeln von nicht mehr als 10 cm Durchmesser!

Stabil über Jahre? Obwohl die Mini-Aquarien nur Salzwasser, Algen und Bakterien enthalten, bleibt das System angeblich stabil, solange es dem Licht ausgesetzt wird. Die Garnelen der Art *Halocaridina rubra* sollen darin mehrere Jahre überdauern. Diese roten, nur etwa 1,5 cm großen Garnelen besiedeln auf Hawaii extreme Lebensräume in Brandungsdümpeln und den Hohlräumen des Lavagesteins; sie vertragen Wasserwerte von Süßwasser bis Meerwasser und stellen äußerst geringe Ansprüche an Nahrung und Sauerstoffgehalt.

Fragwürdiges Experiment Auch wenn die Idee interessant erscheint, ist sie doch fragwürdig. Vor allem, weil es kaum möglich ist, in den winzigen Wasserkörpern halbwegs konstante Temperaturen zu garantieren und gleichzeitig genügend Licht zuzuführen. Garnelen reagieren zwar tolerant auf wechselnde Wassertemperaturen und schwankenden Sauerstoffgehalt, doch das Gleichgewicht in einer solchen Kugel kann sehr schnell aus der Balance geraten. Bleibt darüber hinaus das Algenwachstum zu gering, verhungern die Tiere.

Bessere Alternativen Das Wagnis »Ecosphere« sollte ein verantwortungsbewusster Aquarianer nicht eingehen. Die kleinen Hawaii-Garnelen *Halocaridina rubra* können wunderbar in einem offenen Brack- oder Salzwasseraquarium gehalten und vermehrt werden. Und hier hat man jederzeit die Möglichkeit, helfend einzugreifen, falls es tatsächlich einmal Probleme im Becken geben sollte.

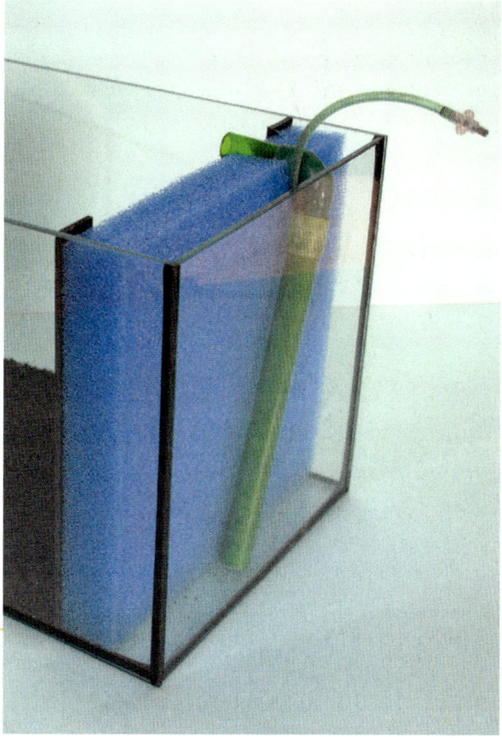

Der Hamburger Mattenfilter ist für das Zwerggarnelenbecken die beste Filtermethode. Er hat eine lange Standzeit und ist durch seine große Oberfläche sehr effektiv.

Wasserpflanzen für das Garnelen-Aquarium

Ein sorgfältig bepflanztes Aquarium ist eine besondere Attraktion. Für Garnelen sind die Wasserpflanzen eine Nahrungsquelle und den kleinen Arten und Jungtieren bieten sie Unterschlupf- und Versteckmöglichkeiten.

MOOSKUGEL Die Mooskugel *(Cladophora aegagrophila)*, auch Moosalgenball genannt, ist eine nützliche Alge, die sich für das Garnelen-Aquarium gut eignet (→ siehe auch Bild links unten).

JAVAMOOS Das Javamoos *(Vesicularia dubyana)* stammt aus Südostasien. Es bietet durch seine starken Verästelungen eine gute Struktur und sollte in einem Garnelenbecken nicht fehlen.

MOOSKUGEL Die Alge mag es lieber schattig. Sie ist temperaturempfindlich und zerfällt über 24 °C. Alle drei bis vier Wochen sollte man die Kugel unter lauwarmem Leitungswasser leicht ausdrücken, um die Schadstoffe auszuspülen.

KORALLENMOOS Das Korallenmoos *(Riccardia chamedryfolia)* ist noch relativ neu in der Aquaristik und gehört zu den langsam wachsenden Moosen.

STERN-ROTALA Die Stern-Rotala *(Eusteralis stellata)* gehört zu den anspruchsvolleren Pflanzen. Sie braucht viel CO_2 zum Wachsen und nährstoffreiches, weiches Wasser.

BEPFLANZTES HOLZ Dieses »Nano Wood« ist mit den Arten *Anubias nana, Microsorium pteropus* und *Vesicularia dubyana* bepflanzt.

FLEISCHFRESSER *Utricularia graminifolia* wächst an nährstoffarmen Standorten und fängt Kleinstlebewesen aus dem Wasser. Garnelen und Nachwuchs bleiben jedoch unbehelligt.

SUMPFFREUND Der Blütenstiellose Sumpffreund *(Lymnophila sessiflora)* ist in Asien weit verbreitet und bietet sich für das Aquarium als attraktive Hintergrundpflanze an.

Gesellschafts- oder Art-Aquarium?

Die Wahl fällt schwer, denn reizvoll sind sie beide: das Gesellschaftsaquarium, in dem die Garnelen mit anderen Wasserbewohnern in Koexistenz leben, oder das Artbecken, das ganz auf die Bedürfnisse einer bestimmten Garnelengruppe ausgerichtet ist.

Das Gesellschaftsaquarium

Garnelen können eine wunderbare Bereicherung für die Tierwelt des Gesellschaftsaquariums sein und sorgen darüber hinaus für Sauberkeit und Stabilität in diesem begrenzten Lebensraum.

Algenfresser Eine Reihe von Garnelenarten lebt von Algen und anderem Aufwuchs im Becken oder verwertet einen Großteil des Mulms, also der organischen Abfallprodukte. Ihre Aktivitäten entlasten unter anderem auch das Filtersystem.

Große Flusskrebse und Zwerggarnelen lassen sich wunderbar vergesellschaften, wenn sich ihre Ansprüche an Temperatur und Wasser decken.

Putzkolonne Manche Garnelenarten treiben ihre Säuberungsaktionen so weit, dass sie selbst Aquarieninventar wie etwa Wurzelholz blitzblank putzen und alle Wasserpflanzen von lästigen Blaualgen befreien – vorausgesetzt, es gibt genug Garnelen im Becken und sie werden beim Putzdienst nicht gestört. Das funktioniert nicht in Gegenwart großer, räuberischer Fische, weil die Garnelen dann kaum aus ihren Verstecken herauskommen. Doch Garnelen sind natürlich kein Ersatz für die Pflege- und Reinigungsdienste des Aquarienbesitzers.

Zeit fürs Kennenlernen Neue Garnelen setzt man am besten am frühen Morgen ins Gesellschaftsbecken. Dann bleibt den »Neubürgern« genügend Zeit, um sich am hellen Tag mit dem fremden Lebensraum und den Mitbewohnern vertraut zu machen. Bei Großarmgarnelen gilt das umgekehrt eher für die alteingesessenen Fische. Fische, die nicht mit räuberischen Mitbewohnern rechnen, fallen den großen Garnelen im Dunkeln viel leichter zum Opfer. Großzügiges Füttern, speziell mit eiweißhaltiger Kost wie Frostfutter, dämpft den Appetit der Garnelen auf Frischfisch.

Verstecke und Pflanzenwälder In einem Gesellschaftsaquarium brauchen Garnelen Verstecke und Weidegründe. Dafür eignen sich Pflanzenbestände und die immer populärer werdenden Moose (→ Seite 38). Der Garnelennachwuchs ist so winzig, dass er sich selbst vor kleinen Fischen in Sicherheit bringen muss. Bei zu wenigen Versteckmöglichkeiten haben die Jungtiere keine Überlebenschance.

Bewegtes Wasser Selbst kleine Garnelenarten haben mit starken Wasserströmungen im Aquarium selten ein Problem.

Das Art-Aquarium

Art-Aquarien sind auf die Bedürfnisse einer Tierart oder Tiergruppe ausgerichtet. Unverträgliche oder räuberische Arten und solche mit sehr speziellen Ansprüchen müssen in einem Artbecken gehalten werden. Aber auch für »normale« Wasserbewohner eignet sich dieses Aquarium, da sie hier optimale Lebensbedingungen vorfinden und den Nachwuchs ungestört aufziehen können. Orientiert man sich bei der Einrichtung ausschließlich an den Habitatansprüchen der Bewohner, sieht das Artbecken oft völlig anders aus als ein normales Aquarium. Manche Süßwassergarnelen zum Beispiel brauchen nicht viel mehr als verrottendes Laub oder Sand und Steine. Allein an die Mindestanforderungen muss man sich dabei jedoch nicht halten. Die Gestaltung sollte nämlich auch die Selbstreinigung und den Stoffkreislauf der Wasserwelt unterstützen und dem Auge des Betrachters etwas bieten.

Zwerggarnelen Selbst in kleinen Becken lassen sich für diese Arten wunderbare Unterwasserlandschaften schaffen.

› Ideal sind zarte Pflanzen wie die Tausendblatt-Arten, Binsen und Moose, die als Bodendecker eingesetzt oder auf Wurzeln gepflanzt werden.

› Auch Mooskugeln (→ Seite 38), kugelförmige Algenkulturen, bewähren sich gut. Für die Garnelen sind sie gute Weidegründe, weil die große, fein strukturierte Oberfläche reichlich Nahrung liefert. Ebenfalls nicht fehlen sollten Schwimmpflanzen.

› Insgesamt kann die Bepflanzung im Artbecken der Zwerggarnelen gar nicht dicht genug sein.

› Als Bodengrund eignet sich Sand, feiner Kies oder Lehmboden, auf dem die Pflanzen sehr gut gedeihen. Die anfängliche Wassertrübung legt sich bald, weil die Garnelen nicht graben. Lehm scheidet aus, wenn man über den Bodengrund filtert.

Fische und Garnelen – das geht auf Dauer nur gut, wenn beide Gruppen friedlich sind. Schnecken sind da problemlose Mitbewohner.

› Keine Wasserlinsen. Bei Wasserlinsen lässt sich der Bestand nur schwer kontrollieren und sie erweisen sich als äußerst lästig, wenn man Garnelen aus dem Becken fangen will.

Fächergarnelen Das Becken sollte nicht zu dicht bewachsen sein, da Fächergarnelen sich ungern durch ein Pflanzendickicht zwängen.

› Empfehlenswert sind großblättrige Gewächse mit dicken Stengeln, die auch schwerere Garnelen tragen können.

› Fächergarnelen lieben stärkere Strömungen. Bei mehreren Tieren im Becken muss es genügend Sitzwarten in der Strömung geben, damit es nicht zum Gerangel um die besten Plätze kommt.

› Gefiltert werden sollte über eine große Ansaugfläche oder über den Boden, damit die schwebenden Nahrungsteilchen nicht allzu schnell im Filter verschwinden.

Großarmgarnelen Räuberische Großarmgarnelen wie *M. rosenbergii* können nur in einem Artbecken gehalten werden, da die Garnelen sämtliche Aquarienbewohner als Beute betrachten – unabhängig von der Größe sowohl Fische, Schnecken als auch andere Garnelenarten.

› Gemeinsam halten kann man ein Männchen mit einem oder mehreren Weibchen. *M. rosenbergii* und ähnlich große Arten brauchen ein Becken von mindestens 100 cm Kantenlänge – auch dann, wenn kein Nachwuchs erwartet wird. In kleineren Aquarien sind sonst selbst die Weibchen während der Häutung gefährdet.

› Kleinere *Macrobrachium*-Arten begnügen sich mit Einsteiger-Aquarien von 60 cm Seitenlänge und 50 bis 60 Liter Inhalt.

› Stellt sich bei leicht zu vermehrenden Arten wie *M. dayanum* und *M. assamense* Nachwuchs ein, wird ein größeres Becken mit möglichst vielen Verstecken und Höhlen notwendig.

› Mit Pflanzen, Wurzelholz und Steinbauten kann man das Aquarium gut strukturieren. Vergessen darf man dabei nicht, dass viele dieser Arten Wasserpflanzen fressen, vor allem weiche Gewächse.

› Für dauerhafte Begrünung sorgen harte und widerstandsfähige Pflanzen wie Hornkraut und Anubias. Wichtig sind aber auch schnellwüchsige Pflanzen wie die Wasserpest (*Elodia* oder *Egeria*), weil sie eine wertvolle Nahrungsergänzung für die Garnelen darstellen.

› Wasserschnecken liefern hochwertiges Eiweiß, ohne das Aquarienwasser zu belasten, wenn sie nicht umgehend gefressen werden. Wer auch noch andere Aquarien besitzt, in denen Schnecken nicht besonders erwünscht sind, hat hier eine gute Möglichkeit, die »Überschüsse« auf biologischem Weg zu entsorgen.

Selbst in Kleinstbecken, den sogenannten Nano-Aquarien, kann man Garnelen halten. Allerdings gilt auch hier: je größer, desto besser.

Das naturnahe **Biotop-Aquarium**

ABBILD DER NATUR Das Biotopaquarium soll den Ausschnitt eines bestimmten Lebensraums möglichst naturgetreu nachbilden.

KEINE FREMDEN ARTEN In das Becken werden ausschließlich Tier- und Pflanzenarten eingesetzt, die in diesem Biotop vorkommen.

ALLES ECHT Auch Bodengrund, Steine und die Dekorations- und Strukturelemente sollten aus dem tatsächlichen Lebensraum stammen.

ANSPRUCHSVOLL Das Aquarium sollte eigentlich viele unterschiedliche Tierarten beherbergen. Bei Garnelen ist das schwierig: Sie sind entweder Futter für andere Mitbewohner oder betrachten sie selbst als Beute.

Freilandhaltung im Sommer

Einige Arten wie die Red Fire-Garnele *Neocaridina davidi* können im Sommer auch im Freien gehalten werden, etwa in einem Aquarium auf dem Balkon oder einem Miniaturteich auf der Terrasse. Auch Regenwassertonnen oder in den Boden eingelassene Fässer sind möglich.

Schattenspender Das Sommerdomizil muss zeitweise beschattet werden, sonst steigen die Temperaturen bei direkter Sonneneinstrahlung zu stark an und die Tag-Nacht-Unterschiede werden zu groß.

Licht macht mobil Wenn es genug Sauerstoff produzierende Wasserpflanzen gibt, kann man auf Belüftung und Filter verzichten. Das natürliche Licht sorgt für kräftigere Farben, verbessert die Widerstandskraft und Mobilität der Tiere und steigert ihre Vermehrungsfreude, nicht zuletzt, weil sie jetzt fast nur von Naturnahrung leben. Je nach Besatz kann in großen Becken aufs Zufüttern verzichtet werden.

Insektenschutz Decken Sie das Freilandbecken mit einer feinen Gaze ab, damit keine räuberischen Wasserinsekten ihre Eier ablegen. Das Netz schützt auch vor Libellen- und Käferlarven, deren Gefräßigkeit vor den Garnelen nicht Halt macht.

Abfischen Mit dem Abfischen im Herbst sollte man nicht zu lange warten. Mit der abnehmenden Tageslänge sinkt die Sauerstoffproduktion der allmählich absterbenden Wasserpflanzen, was zusammen mit den Zersetzungsvorgängen im Wasser zu lebensbedrohlichem Sauerstoffmangel führen kann.

Nicht im Gartenteich! Zumindest die größeren Gartenteiche sind kein geeigneter Platz für die Freilandhaltung von Garnelen. Die Abfischung im Herbst gestaltet sich hier meist sehr aufwendig und zeitraubend. Darüber hinaus läuft man Gefahr, dass eventuell Garnelenarten entkommen, die robust genug sind, um in freier Natur zu überleben, sich fortzupflanzen und Populationen zu bilden, und so die einheimische Fauna verfälschen.

Wenn sich die Garnelen ungestört fühlen, sind sie den ganzen Tag über aktiv, wie zum Beispiel diese noch unbestimmte *Caridina*-Zwerggarnele aus Indonesien.

Vergesellschaften mit Fischen

Vor allem kleinere Schwarmfische kann man problemlos gemeinsam mit Garnelen im Gesellschaftsbecken halten – allen voran Platy und Guppy.

1 Platy

Der Platy *(Xiphophorus maculatus)* eignet sich gleichermaßen für ein Gesellschaftsaquarium und ein Garnelenbecken. Der aus Mittelamerika stammende Fisch bevorzugt einen pH-Wert von 7–8, Härtegrade zwischen 5 und 30 °KH und eine Wassertemperatur von 15–26 °C.

2 Perlhuhnbärbling

Ebenfalls eine gute Empfehlung für die Vergesellschaftung mit Garnelen ist der Perlhuhnbärbling *(Danio margaritatus)*. Der kleine, ausgewachsen nicht mehr als 2 cm messende Schwarmfisch hat erst vor Kurzem Einzug in die Aquaristik gehalten. Die Tiere stammen aus dem Hochland von Burma. ph-Wert: 6,5–7,8, Härte: 10–25 °KH, Wassertemperatur: 22–28 °C.

3 Boraras maculatus

Boraras maculatus ist ein ca. 2-3 cm kleiner Schwarmfisch, der sich ausgezeichnet in einem Aquarium mit Zwerggarnelen halten lässt. Der Fisch bevorzugt weiches Wasser mit einer Härte von maximal 8 °KH. ph-Wert: 5,0–7,0, Temperatur: 22–28 °C.

4 Burma-Stichling

Den kleinen Burma-Stichling *(Indostomus crocodilus)* findet man im Zoofachhandel bisher noch recht selten. Der Fisch ist relativ anspruchsvoll, zeigt aber ein interessantes Verhalten. Am besten hält man die Stichlinge in einer kleinen Gruppe. Sie passen sehr gut zu Zwerggarnelen und Fächergarnelen. Optimal ist ein ph-Wert von 6,5–7,2. Härtebereich: zwischen 5–12 °KH, Temperatur: 22–28 °C.

5 Stiphodon elegans

Stiphodon elegans ist eine kleine in Südostasien beheimatete Grundel, die noch nicht in jedem Aquarienhandel zu finden ist. Der Fisch liebt die Strömung und kann daher besonders gut mit Fächergarnelen vergesellschaftet werden. Vorzugstemperatur: 24–28 °C.

6 Guppy

Endlers Guppy *(Poecilia wingei)* gehört seit vielen Jahren zu unseren bekanntesten und beliebtesten Aquarienfischen. Auch als Besitzer eines Garnelenaquariums müssen Sie nicht auf diesen attraktiven Fisch verzichten, er kann ohne Probleme gemeinsam mit Zwerg- oder Fächergarnelen gehalten werden. Für ein Garnelen-Zuchtaquarium sind Guppys allerdings nicht geeignet, da sie den Junggarnelen nachstellen. Der bevorzugte pH-Wert liegt zwischen 5,5 und 8,5, die optimale Wassertemperatur bei 18 bis 28 °C.

Nicht gesellschaftsfähig Räuberische Fische, die meisten Barsche und alle Fischarten, die sich von Lebendfutter ernähren, sind potenzielle Fressfeinde der Garnelen. Dabei spielt natürlich vor allem die Körpergröße der beiden beteiligten Arten die entscheidende Rolle; während der Häutung sind aber selbst große Garnelen gefährdet. Junggarnelen gehören zum Beutespektrum fast aller Fische.

1
2
3
4
5
6

Vergesellschaften mit anderen Krebsen

Ob sich andere Krebse und Garnelen vertragen, hängt vor allem vom Verhalten der Tiere und nicht unbedingt von ihrer Größe und Kraft ab. Auf keinen Fall gemeinsam halten darf man Flusskrebse und Fächer- bzw. Großarmgarnelen: Den Fächergarnelen werden die Flusskrebse gefährlich, während die Flusskrebse selbst spätestens bei der Häutung von den Großarmgarnelen attackiert werden.

1 Yabby

Sein Name *Cherax destructor* klingt zwar kriegerisch (Destructor bedeutet Zerstörer), doch der Yabby ist ausgesprochen friedfertig und kann mit allen Zwerggarnelen vergesellschaftet werden, die ähnliche Lebensansprüche stellen. Für kleine Garnelen ist es in der Regel weniger problematisch, wenn die Krebse größer sind. Vielmehr ergänzen sich die Tiere sehr gut, weil die feinen Nahrungsteilchen, die von den Krebsen beim Fressen aufgewirbelt werden, ein willkommenes Futter für die Garnelen sind. Größe: bis 20 cm, pH-Wert: 7,5–9,5, Temperatur: 20–28 °C.

2 Tiger- oder Zebrakrebs

Der Tigerkrebs *(Cherax peknyi* »Tiger«) aus Neu-Guinea ist ein friedlicher Geselle und kommt gut mit Zwerggarnelen aus. Allerdings gräbt er gerne Höhlen im Bodengrund und kann so die Pflanzen schädigen. Er braucht Versteckmöglichkeiten. Größe: 10–12 cm, pH Wert: 7–8,5, Temperatur: 18–26 °C.

3 Aprikosenkrebs

Der ruhige und zurückgezogen lebende Aprikosenkrebs *(Cherax holthuisi)* vergreift sich nie an Zwerggarnelen oder deren Jungtieren. Er ist einer der wenigen Krebse, den man wegen seines friedlichen Wesens in einem ausreichend großen und auch vertikal gut strukturierten Aquarium sogar mit Fächergarnelen halten kann. Größe: ca. 10 cm, pH-Wert 6,5–7,5, Temperaturen: 20–24 °C.

4 Patzcuaro-Zwergkrebs

Vom Zusammenleben des Patzcuaro-Zwergkrebses *(Cambarellus patzcuarensis)* mit Zwerggarnelen gibt es gegensätzliche Erfahrungen. Es kommt offensichtlich immer wieder zu Übergriffen, bei denen Garnelen verletzt oder getötet werden. Da der Flusskrebs eher friedlich ist, spielt dabei weniger eine Räuber-Beute-Beziehung als Konkurrenzverhalten eine Rolle. Größe: bis 5 cm, pH-Wert: 7–9, Temperatur: 15–25 °C.

5 Amerikanischer Sumpfkrebs

Der Sumpfkrebs *(Procambarus alleni)* eignet sich wie die meisten Arten seiner Gattung nicht für ein Zusammenleben mit anderen Aquariumbewohnern, da er alle als mögliche Beute betrachtet. Darüber hinaus kann er Wasserpflanzen und Einrichtung nachhaltig schädigen. Größe: bis 15 cm, pH-Wert: 5–9,5, Temperatur: 15–30 °C.

6 Shufeldts Zwergkrebs

Der Shufeldts Zwergkrebs *(Cambarellus shufeldtii)* sollte nicht mit Zwerggarnelen zusammenleben. Der Krebs ist zwar friedlich, aber trotz ähnlicher Größe können die zarteren Garnelen bei Auseinandersetzungen verletzt werden. Größe: 3–4 cm, pH-Wert: sehr tolerant, Temperatur: 18–22 °C.

1

2

3

4

5

6

FIT UND GESUND

Neben einer artgerechten Haltung ist auch eine gesunde Ernährung, die Pflege des Beckens und eine regelmäßige Gesundheitskontrolle wichtig für die Fitness und das Wohlbefinden Ihrer Garnelen.

So ernähren Sie Garnelen richtig

Garnelen sind omnivore Nahrungsopportunisten, das heißt, sie können sich von fast allem ernähren, was fressbar und verwertbar ist – von Detritus, den organischen Abfällen und Abbauprodukten, bis hin zu hochwertigen Proteinen.

Unproblematische Kostgänger

Die Garnelen akzeptieren nahezu jedes Futtermittel, das der Fachhandel bereithält, Flockenfutter ebenso wie Futtertabletten und Frostfutter, die richtige Größe der Futterteilchen vorausgesetzt. Bereichern kann man ihren Speisezettel mit einer Vielzahl weiterer Nahrungsangebote.

Mikroorganismen im Aquarium

Speziell die Zwerggarnelen finden in einem (nicht zu sauberen) Aquarium ständig nachwachsende Naturnahrung und weiden unermüdlich sämtliche Oberflächen ab, auf denen sich Bakterien, Einzeller, Pilze und Algen angesiedelt haben. Aber auch sie müssen ausgewogen und vor allem ausreichend gefüttert werden, da es in ihrem begrenzten Lebensraum sonst schnell zu Mangelerscheinungen kommen kann.

Herbstlaub tut gut

Herbstlaub darf in keinem Garnelenbecken fehlen. Besonders bewährt haben sich Eichen- und Erlenlaub, aber auch Buche und das Laub nicht gespritzter Obstbäume kann verwendet werden. Das Laub selbst wird gefressen, ganz besonders aber die Kleinstlebewesen, die am Zersetzungsprozess der Blätter beteiligt sind. Herbstlaub gibt Huminsäuren ins Wasser ab, was sich positiv auf die Gesundheit der Aquarienbewohner auswirkt. Und nicht zuletzt bietet es den Garnelen auch wunderbare Verstecke.

Hormone für die **Häutung**

TIPPS VOM GARNELEN-EXPERTEN
Reinhard Pekny

HÄUTUNGSHORMON Garnelen können das Häutungshormon Ecdyson nicht selbst herstellen, sondern müssen es oder seine Vorläufersubstanz Cholesterol mit der Nahrung aufnehmen.

FUTTERQUELLEN Als Garnelenfutter, das Ecdyson enthält, eignen sich Planktonkrebse, Wasserflöhe, Artemien oder Flohkrebse (meist gefrostet im Handel). Auch Insekten und ihre Larven kann man verfüttern, wie z. B. Mückenlarven, die man lebend oder als Frostfutter kauft.

FÜR GROSSARMGARNELEN Großarmgarnelen kann man Mysis (marine Schwebegarnelen) oder gefrostete Futtergarnelen geben.

CHOLESTEROL IM EIDOTTER Eidotter enthält Cholesterol. Der Eidotter wird hart gekocht, kann aber nicht ohne Vorbehandlung ins Becken gegeben werden, weil sonst das Wasser stark belastet und getrübt wird. Deshalb zerteilt man den Dotter in etwa 5 mm große Stückchen und lässt ihn trocknen, bis er leicht zäh ist und sich beim Verfüttern nicht sofort im Wasser auflöst.

Gemüse und Kräuter

Gurke, Zucchini, Spinat und Salat werden von den Garnelen gerne genommen. Man kann natürlich auch Gartenkräuter sammeln – getrocknete Brennnesseln zum Beispiel sind ein begehrtes Futter. Obst und Gemüse müssen frei von Chemie sein, selbst kleinste Spuren von Spritzmitteln können verheerende Folgen für die Tiere haben.

Futterhäppchen Wenn tiefgefrorenes Gemüse kurz überbrüht wird, lässt es sich am einfachsten in kleine Futterstückchen zerteilen.

Kaninchenpellets

Kaninchenpellets enthalten hauptsächlich Heu und Getreide. Sie stehen bei den Garnelen hoch im Kurs. Erhältlich sind die preiswerten Pellets im landwirtschaftlichen Futtermittelhandel, allerdings nur in Packungen zu 5 und 10 kg, eine Menge, die man innerhalb der Haltbarkeitsdauer kaum an die Garnelen verfüttern kann. Bei Forellenfutter und ähnlich hochwertiger Proteinnahrung aus der Aquakultur sieht es leider ähnlich aus.

Gezielt füttern

In den Gesellschaftsaquarien kommt es häufig vor, dass die Fische den Garnelen kaum etwas vom Tagesfutter übrig lassen. Mit zum Teil schlimmen Folgen. Besonders bei den Fächergarnelen sind viele Todesfälle auf Unterernährung zurückzuführen, daher müssen diese Tiere gezielt versorgt werden. Das funktioniert gut, wenn man die Fische zum Beispiel an der Frontscheibe füttert und gleichzeitig Futterteilchen und Leckerbissen für die Fächergarnelen als feine Schwebeteilchen in den Filterstrom gibt. Meist sitzen die Garnelen bereits in Wartestellung mit aufgeklapptem Fangapparat auf ihren Sitzwarten in der Strömung.

Reinigung und Pflege des Aquariums

Wasserwechsel, Filterkontrolle und regelmäßige Pflegemaßnahmen erhalten das Gleichgewicht im »Ökosystem Aquarium« und sorgen dafür, dass ein Garnelenbecken über mehrere Jahre stabil bleibt.

Futterreste entfernen

Bei jedem Füttern immer auch die Nahrungsreste entfernen, damit sich keine Pilze ansiedeln. Tote Garnelen herausnehmen, falls die Aquarienbewohner sie nicht sofort verwerten. Abgestreifte Panzer lässt man im Becken, sie werden gefressen und liefern den Garnelen wertvolle Nährstoffe.

Lebensdauer Todesfälle im Becken sind durchaus normal, da zum Beispiel Zwerggarnelen nicht viel älter als zwei Jahre werden. Gehäufte Sterblichkeit ist allerdings immer ein Alarmsignal.

Wöchentlicher Wasserwechsel

Einmal pro Woche sollten mindestens 10, besser 20 Prozent durch Frischwasser ersetzt werden. Bei dicht besetzten Zuchtbecken kann es sinnvoll sein, größere Mengen (bis 50 Prozent) auszutauschen, in normalen Aquarien ist ein so starker Wechsel aber eher nachteilig.

Weitere Pflegearbeiten

› Kontrollieren Sie mindestens einmal im Monat den Filter auf die richtige Durchflussmenge und reinigen Sie bei Bedarf auch das Filtermaterial. Schaumstoffpatronen, die als Ansaugschutz dienen, muss man regelmäßig waschen. Wer über den Bodengrund filtert, säubert das Substrat über der Ansaugfläche am besten mit einer Mulmglocke während des Wasserwechsels.

› Zu üppiger Pflanzenwuchs muss reguliert werden, besonders bei den Schwimmpflanzen. Hier ist Sorgfalt gefragt, weil Garnelen und vor allem Jungtiere in den Pflanzen hängen bleiben können und dann versehentlich mit entsorgt werden. Daher entnommene Pflanzen vorsichtshalber in einem Eimer mit temperiertem Frischwasser durchspülen.

› Im Jahresrhythmus sollten die Leuchtstoffröhren der Aquarienbeleuchtung ausgetauscht werden, da die Leistung der Röhren nachlässt und die Lichtausbeute sukzessive abnimmt.

› Auch wenn viele Garnelen gute Algenfresser sind, kommt man ums Putzen der Frontscheibe nicht herum. Alle anderen Oberflächen nicht säubern, weil die Garnelen sich daran festhalten und der Aufwuchs für sie eine gute Nahrungsquelle ist.

Getrocknetes Eichenlaub liefert Zwerggarnelen wertvolle Aufwuchsnahrung. Durch den Huminsäuregehalt hat es eine keimhemmende Wirkung.

Ein Händchen für die Garnelen

Kräftige Farben, aktives Verhalten und zahlreiche Nachkommen zeigen an, dass es den Garnelen gut geht. Sie fühlen sich weder in steril-sauberen noch in vergammelten Aquarien wohl. Erfolgreiche Haltung basiert auf dem richtigen Mittelmaß.

Tut gut

- + Bei guten Wasserwerten und regelmäßigem Wasserwechsel fühlen sich die Garnelen wohl.
- + Ein bisschen Mulm im Becken ist wichtig für die Ernährung und steigert die Vitalität der Tiere.
- + Herbstlaub von Eiche und Erle gibt Huminsäure ins Wasser ab und wirkt desinfizierend.
- + Wie das Laub hemmen auch getrocknete Seemandelbaumblätter die Keime im Aquarienwasser und fördern die Gesundheit und Fitness der Garnelen.

Besser nicht

- – Bei zu vielen Garnelenarten im Becken entsteht ein erheblicher Konkurrenzdruck und die schwächsten Tiere müssen darunter leiden.
- – Großarmgarnelen sollte man nicht gemeinsam mit anderen Garnelen halten.
- – In einer zu großen Gruppe stehen Garnelen unter Dauerstress, ihre Kondition nimmt ab, sie vermehren sich seltener und werden anfälliger für Krankheiten.
- – Naturnahrung für die Garnelen nie aus Gewässern entnehmen. Dabei besteht immer das Risiko, dass Krankheitserreger oder unerwünschte »Gäste« wie etwa Planarien eingeschleppt werden.

Praxishilfe bei Problemen

Vorsicht mit Insektiziden Alle Krebse gehören zum Tierstamm der Gliederfüßer (Arthropoden), zu dem auch die Insekten zählen. Auch die Garnelen reagieren daher äußerst empfindlich auf Biozide, wie sie gegen Schadinsekten eingesetzt werden. Vor allem Insektizide haben selbst in geringster Dosierung eine verheerende Wirkung auf viele Garnelenarten. Im Umgang mit diesen Mitteln sollten Sie immer sehr vorsichtig sein. Auf keinen Fall dürfen zum Beispiel Gerätschaften wie die Gießkanne fürs Aquarium benutzt werden, wenn Sie mit ihr die Zimmerpflanzen gießen. Selbst der feine Nebel, der beim Einsprühen einer Pflanze durchs Zimmer zieht und ins Aquarium gelangt, kann Garnelen ernsthaft schädigen oder gar töten.

Neue Pflanzen wässern Probleme mit Schad- und Giftstoffen kann es auch bei neuen Wasserpflanzen geben. Bevor die Pflanzen ins Aquarium gesetzt werden, sollte man sie vorher immer für einige Zeit in einem Eimer wässern und mehrfach das Wasser wechseln, um eventuelle Dünge- und Spritzmittel auszuspülen. Auch beim Zurückschneiden der Aquarienpflanzen ist Vorsicht geboten, weil dabei – offensichtlich besonders bei den *Anubias*-Arten – schädliche Stoffe freigesetzt werden können. Wir selbst haben solche Erfahrungen zum Glück noch nicht gemacht. Wahrscheinlich spielen dabei die unterschiedlichen Wasserwerte eine Rolle, wobei im weichen und sauren Wasser die negativen Auswirkungen oft gravierender sind als in einem gut gepufferten Bereich. Wann immer Sie Verhaltensänderungen bei Ihren Garnelen feststellen, sollte sofort ein Wasserwechsel durchgeführt werden, um mögliche Schadstoffe zu entfernen.

Kontaminiertes Wasser Leitungswasser kann mit Schwermetallen belastet sein. Warmes Wasser aus Boilern mit Kupferrohren enthält oft Spuren von Kupfer und sollte nicht für den Wasserwechsel verwendet werden. Unsere Empfehlung: entweder öfter mit kaltem Wasser und kleineren Mengen wechseln oder das Wasser vorher mit dem Heizstab erwärmen bzw. so lange stehen lassen, bis es die Raumtemperatur angenommen hat.

Arzneimittel im Aquarium Solange es alternative Behandlungswege gibt, sollten keine Medikamente in das Aquarium gegeben werden. Die Behandlung von Fischkrankheiten (→ Kasten unten) im Gesellschaftsbecken stellt immer ein Risiko für die Garnelen dar. Arzneimittel in für Fische unbedenklichen Konzentrationen können die Garnelen nachhaltig schädigen. Die Erfahrungen und Erkenntnisse über mögliche Folgen sind leider häufig widersprüchlich, weil sie auf der unterschiedlichen Resistenz verschiedener Garnelenarten oder auf abweichenden Wasserwerten basieren.

Fischmedizin niedrig dosieren

MINIMALDOSIS Sind Medikamente unvermeidlich, sollten sie möglichst gering dosiert werden.

WASSERWECHSEL Führen Sie nach jeder Behandlung einen kräftigen Wasserwechsel durch.

EXTRABECKEN Am besten setzt man kranke Fische in ein Extrabecken oder nimmt die Garnelen für die Zeit der Behandlung aus dem Aquarium.

Gesunderhaltung

Mit sorgfältiger Wasserpflege, einer angepassten Besatzdichte und sinnvollen Vorbeugemaßnahmen sorgen Sie dafür, dass Ihre Garnelen gesund bleiben. Das ist bei Garnelen besonders wichtig, weil es kaum gesicherte Behandlungsmethoden und keine speziellen Medikamente gibt. Das gilt für Krankheiten, die von Erregern verursacht werden, wie auch für andere Erkrankungen.

Erregerbedingte Krankheiten

Von Erregern ausgelöste Erkrankungen sind weit verbreitet und gelangen mit Pflanzen, Tieren oder dem Transportwasser ins Becken. Ausbruch und Schwere der Krankheit hängen vor allem von der Widerstandskraft der Garnelen ab. Eine artgerechte Haltung bietet folglich den besten Schutz.

Eine weiße Verfärbung des Gewebes muss immer ernst genommen werden. Ursache können Zellparasiten, aber auch falsche Wasserwerte sein.

Planarien Planarien (Strudelwürmer) können für große Probleme im Garnelenbecken sorgen. Sie parasitieren zwar nicht wirklich an den Garnelen, sind aber Nahrungskonkurrenten und können durch ihre räuberischen Aktivitäten gegenüber Eiern, Junggarnelen und frisch gehäuteten Tieren zum Zusammenbruch des Garnelenbestands führen, wenn sie in großer Zahl auftreten.

Therapie Planarien können gut mit Flubenol (erhältlich beim Tierarzt) bekämpft werden: Pulver in einem Behälter anrühren und dann ins Aquarium geben. Dosierung: 0,2–0,4 g auf 100 Liter Wasser. Behandlungsdauer ca. drei Tage, danach muss ein kräftiger Wasserwechsel durchgeführt werden, um die Reste des Medikaments sowie die abgetöteten Planarien aus dem Becken zu entfernen. Nach etwa ein bis zwei Wochen wird die Prozedur wiederholt, weil in der Zwischenzeit aus den Eiern junge Planarien geschlüpft sind. Aber Achtung: Flubenol tötet auch alle Schnecken!

Andere Erkrankungen

Nicht erregerbedingte Erkrankungen der Garnelen werden häufig durch Kohlendioxid-Überschuss, für den meist eine defekte CO_2-Düngeanlage verantwortlich ist, oder durch Sauerstoffmangel ausgelöst. Auch ein falsch eingestellter ph-Wert und zu hohe oder zu niedrige Wassertemperaturen bzw. starke Temperaturschwankungen können die Gesundheit der Garnelen angreifen. Ebenfalls in diese Krankheitsgruppe gehören die sogenannte Laugen- oder Säurekrankheit und alle Arten von Vergiftungen, die bei Garnelen schon von kleinsten Giftstoffkonzentrationen verursacht werden.

Häufige Krankheiten bei Süßwassergarnelen

NAME	BESCHREIBUNG
ROST- ODER BRAND-FLECKEN	Durch Pilz- und Bakterienbefall entstehen Löcher im Panzer. Je nach Lage des Erregerherds mehr oder weniger gefährlicher Verlauf. Die befallenen Stellen sehen orange-rostrot bis schwarz aus. Die Erreger sind allgegenwärtig, daher ist es normal, wenn sich die Bruchstellen abgetrennter Gliedmaßen rostrot färben. Bei der nächsten Häutung ist das meist behoben. An anderen Körperstellen können mechanische Verletzungen und Verfärbungen zu Verwachsungen führen, die bei der Häutung lebensbedrohlich werden. Ist der Körper überall punktförmig verfärbt, kann man das Tier nicht retten. Eine Behandlung ist nicht bekannt, vorbeugend säuert man das Wasser mit Huminsäuren an.
PORZELLAN-KRANKHEIT	Der Name geht auf die Weißfärbung der Muskulatur zurück, was man bei transparenten Arten sehr gut, bei gefärbten an der Unterseite des Hinterleibs sehen kann. Verursacher sind Zellparasiten, daher helfen äußere Bäder nicht. Eine Behandlung ist nicht möglich. Eine weiße Verfärbung kann auch durch nicht erregerbedingte Ursachen (→ linke Seite) ausgelöst werden. Lässt sich die Ursache beseitigen, geht auch die Weißfärbung zurück. Bei der Porzellankrankheit funktioniert das leider nicht, die befallenen Garnelen sind nicht zu retten.
WEISS-FLECKEN-KRANKHEIT	Sehr ansteckende Viruserkrankung, die nicht nur Garnelen, sondern viele Krebse befällt. Sie ist in Garnelenfarmen aufgetreten und kann über Futtergarnelen eingeschleppt werden. Keine Behandlungsmöglichkeit, umfassende Hygiene ist die wichtigste Vorbeugemaßnahme.
PILZE	Parasitische Pilze sind eigentlich überall vorhanden und treten zum Beispiel als »Wasserschimmel« innerhalb kürzester Zeit in Erscheinung, wenn Futterreste im Becken verbleiben. Einige dieser Pilze wie *Saprolegnia parasita* können geschwächte Garnelen befallen und sie mit einem dichten Belag überziehen. Mit sorgfältiger Hygiene und regelmäßiger Wasserpflege halten Sie die Schmarotzer am besten unter Kontrolle.
PARASITEN	Bei der Haltung von Garnelen kann man mit einigen Parasiten konfrontiert werden, die vorwiegend mit Wildfängen eingeschleppt werden. Im Aquarium vermehren sich die unerwünschten Gäste nicht. Zuchtgarnelen werden von diesen parasitären Erkrankungen selten befallen.
MOOS-TIERCHEN	In den Aquarien lassen sich zum Teil auch aufsitzende Organismen wie zum Beispiel Glocken- oder Moostierchen nachweisen. Beeinträchtigt werden die Garnelen nur bei extrem dichtem Auftreten.

Fortpflanzungsstrategien

Bei den in diesem Buch vorgestellten Garnelenarten findet man die verschiedenen, für das Leben im Süßwasser typischen Fortpflanzungsstrategien.

Frei schwimmende Larven

Diese Vermehrungsstrategie ist für die großen Fächergarnelen und viele Großarmgarnelen wie die Rosenberggarnele typisch. Bei diesem primitiven Vermehrungstyp werden sehr viele kleine Eier produziert, aus denen einfache Larven (Zoea-Larven) schlüpfen, die ins Salzwasser abdriften. Dort durchlaufen sie teilweise bis zu 20 Larvenstadien, bevor sie sich zu einer fertigen Garnele entwickeln. Es kann über hundert Tage dauern, bis die kleinen Garnelen wieder in den Fluss aufsteigen. Trotzdem findet man die Tiere dann oft mehrere hundert Kilometer von der Küste entfernt in Fließgewässern. In abflusslosen Seen und stehenden Gewässern kommt dieser Fortpflanzungstyp nicht vor, weil die Larven nicht zum Meer oder ins Brackwasser gelangen.

Brutfürsorge

Die Ringelhand- oder Schokogarnelen haben sich weiterentwickelt und durchlaufen die Larvenstadien im Ei. Die Eier sind relativ groß, da sie genügend Dotter für die Embryonenentwicklung brauchen, während ihre frei schwimmenden Verwandten

Macrobrachium hancocki: Vermehrung mit vielen kleinen Eiern, die Larven brauchen Salzwasser (oben).

Neocaridina palmata: wenige große Eier, alle Entwicklungsstadien im Süßwasser (unten).

schon als Larven selbst auf Nahrungssuche gehen müssen. Die »echten« Süßwassergarnelen haben so die Verluste minimiert, denen eine winzige und ungeschützt im Wasser treibende Larve ausgesetzt ist. Sie tragen ihre Eier – je nach Art zwischen 30 und 100 – während der Brutzeit geschützt unter dem Hinterleib, bis die kleinen Garnelen schlüpfen. Die Jungtiere leben von Anfang an am Boden, wo sie sich vor Fressfeinden verstecken können. Einige Zwischenformen dieser Fortpflanzungsstrategien haben die Anpassung ans Dasein im Süßwasser noch nicht völlig geschafft.

Werden nur relativ wenige Eier produziert, ist es sinnvoll, wenn die Mutter sie möglichst lange und gut geschützt am Hinterleib trägt.

Verschiedene Vermehrungswege

Bei den Zwerggarnelen sind alle Vermehrungstypen vertreten. Wenn viele hundert sehr kleine Eier abgegeben werden, brauchen die Larven Salzwasser und die weitere Entwicklung verlangt viel Aufwand. Trägt das Weibchen nicht mehr als einige Dutzend Eier am Hinterleib, gehören die Garnelen zum spezialisierten Typ und vermehren sich oft ohne jedes Zutun im Aquarium. Erfolgreich aufwachsen können die Junggarnelen natürlich nur, wenn sie nicht überall von Fischen verfolgt werden.

Paarungsverhalten

Fächergarnelen Die großen Fächergarnelen konnten in Gefangenschaft noch nicht gezüchtet werden, daher weiß man wenig über ihr Paarungsverhalten. Meist kommen Männchen in den Handel, aber selbst bei Eier tragenden Weibchen ist die Larvenaufzucht bisher nicht gelungen.

Zwerggarnelen Bei den Zwerggarnelen läuft die Paarung sehr schnell ab: Die Tiere schwimmen aufgeregt umher und berühren sich immer wieder für kurze Momente an den Bauchseiten. Dabei wird das Weibchen begattet und ihm eine Spermatophore (Samenpaket) angeheftet. Zur Befruchtung kommt es erst, wenn die Eier ausgestoßen und an den Schwimmbeinchen befestigt werden.

Großarmgarnelen Großarmgarnelen zeigen ein interessantes Paarungsverhalten. Die sonst eher ruppigen Männchen werden dabei zu zärtlichen Beschützern ihrer Auserwählten. Paaren können sie sich nur, wenn das Weibchen frisch gehäutet ist und noch einen weichen Panzer hat. In dieser Phase ist es sehr verletzlich. Das dominante Männchen hält seine langen Scherenarme schützend um die Partnerin und wehrt andere Garnelen oder vorwitzige Fische ab und dirigiert sie dann mit sanften Berührungen in eine Paarungsstellung. Das dauert häufig eine geraume Zeit, aber selbst große und räuberische *Macrobrachium*-Arten verlieren dabei nie die Geduld und zeigen sich ausgesprochen fürsorglich im Umgang mit ihrem Weibchen.

Süßwassergarnelen züchten

Unter Zucht versteht man die gezielte Verpaarung geeigneter Individuen, um erwünschte Eigenschaften bei den folgenden Generationen zu verstärken.

Nachzucht im Artbecken

Nur wenige Aquarianer werden sich tatsächlich mit Garnelenzucht im eigentlichen Sinn beschäftigen, in der Regel geht es vielmehr um die Vermehrung der Tiere und das Aufrechterhalten der Population über einen längeren Zeitraum. Das ist ein nur zu verständlicher Wunsch. Zum einen werden viele Garnelenarten nicht sehr alt und man müsste regelmäßig für Nachschub sorgen, zum anderen ist es überaus interessant und faszinierend, den gesamten Lebenszyklus einer Tierart von der Paarung über die Pflege der Eier bis zum Schlüpfen der Jungtiere und ihrem Aufwachsen zu beobachten und mitzuerleben. Zur gezielten Vermehrungsarbeit empfiehlt es sich, die Garnelen in einem Artbecken unterzubringen, damit keine Fressfeinde den Nachwuchs dezimieren. Hier können Einrichtung und Technik ganz auf die Jungtiere ausgerichtet werden. Dies ist dann von praktischer Bedeutung, wenn die Junggarnelen »geerntet« und umgesetzt werden sollen. In Becken mit fest installierter Einrichtung und im Bodengrund wurzelnden Pflanzen ist die Abfischung der kleinen Garnelen äußerst mühsam, manchmal sogar unmöglich. In einem Art- oder Zuchtbecken sollte man das gesamte Inventar samt Pflanzen herausnehmen können. Nur so gelingt es, sämtliche Junggarnelen zu erwischen.

Nur für **Spezialisten**

ANSPRUCHSVOLL Marine Larven brauchen in jedem Stadium Futter bestimmter Art und Größe.

FUTTERTIERZUCHT Dazu müssen Kulturen von Einzellern (Algen und Plankton) gezüchtet und zum jeweils richtigen Zeitpunkt bereitgestellt werden.

AUFWAND Für den normalen Aquarianer lohnt sich dieser Einsatz in der Regel nicht.

Süß- und Salzwasserzucht

Zucht im Süßwasser Einige Garnelenarten vermehren sich problemlos im Süßwasseraquarium. Bei den Zwerggarnelen sind das *Caridina logemanni, C. mariae, Neocaridina davidi* und *N. palmata.* Auch die Großarmgarnelen *Macrobrachium assamensis* und *M. dayanum* brauchen nur kleine Hilfestellungen. Wichtig sind viele Sitzplätze und Verstecke für die Jungtiere und ausreichend Nahrung mit einem hohen Proteinanteil. *M. lanchestri* vermehrt sich ebenfalls im Süßwasser. Seine zum Teil sehr kleinen Larvenstadien verlangen Aufmerksamkeit bei Filterung und Ernährung, da sie auf winzige Futterpartikel angewiesen sind. Auch Artemia-Nauplien sollte man anbieten.

Zucht im Salzwasser Berichten, nach denen sich Amanogarnelen angeblich im Süßwasser vermehren, liegt eine falsche Artbestimmung zugrunde. *Caridina multidentata* vermehrt sich ausschließlich im Salzwasser. Eine ausführliche Zuchtanleitung würde den Rahmen dieses Buches sprengen, es gibt dazu aber sehr gute Veröffentlichungen in den verschiedenen Fachzeitschriften. Zu dieser Gruppe gehören auch *Caridina gracilirostis, C. propinqua* und *C. serratirostris*. Sie stellen ähnliche Anforderungen wie *Caridina multidentata*. Dabei wird allerdings das Problem des Salzgehalts im Aufzuchtwasser meist überbewertet, vielmehr ist die richtige Ernährung der Larven die echte Herausforderung. Auch *Macrobrachium rosenbergii* wird in riesigen Mengen künstlich vermehrt, die Aufzucht dieser im Salzwasser brütenden Art birgt heute eigentlich keine Geheimnisse mehr. Bisher ist es nicht gelungen, Garnelen der Gattungen *Atya, Atyoida* und *Atyopsis* (→ Seite 20, 21) in menschlicher Obhut erfolgreich zu vermehren.

Hochzucht

Unter Hochzucht versteht man das Bestreben, Tiere mit besonderen Merkmalen durch gezielte Verpaarung und konsequente Auslese zu erzielen. Meist geht es dabei um Farben und Zeichnungen. Wie bei Koi-Karpfen treibt dieser Trend nun auch bei den Garnelen teilweise absurde Blüten. Einige Zwerggarnelen-Varianten werden für zweistellige Eurobeträge verkauft, auf Auktionen in Japan erzielen Garnelen Preise von über 1000 Euro. Kois können recht alt werden, da mag man die Summen noch verstehen, bei Zwerggarnelen, die kaum länger als zwei Jahre leben, ist das nicht nachzuvollziehen.

Wenn die Zuchtbedingungen auf die Ansprüche der Art abgestimmt sind und die Tiere gut mit Nahrung versorgt werden, stellt sich trotz hoher Dichte auch bei *Neocaridina davidi* Nachwuchs ein.

Die **halbfett** gesetzen Seitenzahlen verweisen auf Abbildungen, U = Umschlag, UK = Umschlagklappe.

A

B

C

D

E

F

G

H

I

K

Die Inhalte dieses Buches beziehen sich auf die Bestimmungen des deutschen Tier- bzw. Artenschutzes. In anderen Ländern können die Angaben abweichend sein. Erkundigen Sie sich daher im Zweifelsfall bei Ihrem Zoofachhändler oder bei der entsprechenden Behörde.

Adressen

› Verband Deutscher Vereine für Aquarien- und Terrarienkunde e.V. (VDA), Geschäftsstelle: Steinbühlleite 12, 95234 Sparneck, www.vda-online.de

› Arbeitsgemeinschaft Wirbellose Tiere der Binnengewässer im VDA, Kai Alexander Quante, Papenkamp 18, 38114 Braunschweig, www.wirbellose.de

Wichtiger **Hinweis**

› Bei elektrischen Geräten am Aquarium nur geprüfte und für den Zweck vorgesehene Produkte verwenden. Niemals herumbasteln!

› Regelmäßiger Wasserwechsel ist das A und O, wenn sich Garnelen wohl fühlen sollen.

› Neue Wasserpflanzen können Vergiftungen verursachen. Immer wässern und spülen, um Dünger und Schadstoffe zu entfernen.

› Vorsicht bei der Anwendung von Medikamenten! Garnelen vertragen nicht alle Mittel, die in der Aquaristik gebräuchlich sind.

› Bundesverband für fachgerechten Natur-, Tier- und Artenschutz e. V. (BNA), Ostendstr. 4, 76707 Hambrücken, www.bna-ev.de

Garnelen im Internet

› **www.crustawelt.de**
› **www.garnelenforum.de**
› **www.garnelenhaus.de**
› **www.wirbellose.de**
› **www.wirbellose.net**

Bücher

› Karge, A., Klotz, W.: Süßwassergarnelen aus aller Welt. Dähne Verlag, Ettlingen. Die weltweit erste umfassende Publikation, in der alle bekannten Garnelengattungen und die bisher in der Aquaristik verfügbaren Arten in Wort und Bild vorgestellt werden.

› Knott, O., Lukhaup, C.: Aquascaping. Aquarienlandschaften gestalten. Gräfe und Unzer Verlag, München

› Koslowski, I.: Aquarien - Spaß für Kinder, Gräfe und Unzer Verlag, München

› Lukhaup, C., Pekny, R.: Krebse im Aquarium. Haltung und Pflege im Süßwasser. Dähne Verlag, Ettlingen. In diesem Buch stellen die Autoren die in der Aquaristik wichtigsten und am häufigsten im Handel angebotenen Arten ausführlich vor.

› Logemann C. und F.: Garnelenfibel – Süßwassergarnelen für Anfänger und Fortgeschrittene. Dähne Verlag, Ettlingen

› Lukhaup, C.: Süßwasserkrebse aus aller Welt. Dähne Verlag, Ettlingen

Zeitschriften

› Caridina. Dähne Verlag, Ettlingen, www.caridina.eu
› Aquaristik. Dähne Verlag, Ettlingen, www.daehne.de
› Aquaristik Fachmagazin. Tetra-Verlag, Berlin-Velten www.tetra-verlag.de
› DATZ. Die Aquarienzeitschrift. Natur- und Tier-Verlag, Münster, www.datz.de

Bildnachweis

Alle Fotos in diesem Buch stammen von **Chris Lukhaup,** mit Ausnahme von Seite 37 (Pekny).

Bei den Abbildungen ohne Bildunterschrift handelt es sich um folgende Arten: Cover: *Caridina sp.* Shadow »Blue Bolt«; U2: *Caridina logemanni* »pure red line«; S. 1: *Caridina logemanni*; S. 2: *Caridina sp.* »Black Shadow«; S. 3: *Neocaridina davidi* »Red Fire«; S. 4: *Caridina sp.* Shadow »Blue Bolt«; S. 6: *Caridina logemanni* »Red Bee«, *Neocaridina davidi* »Red Fire«, *Caridina sp.* Shadow »Blue Bolt«; S. 9-2: *Caridina appendiculata;* S. 9-3: *Macrobrachium hankocki;* S. 13: *Neocaridina palmata;* S. 26: *Caridina cf. cantonensis* (gelb), *Caridina sp.* »Fishbone«; S. 34: *Caridina logemanni* »Bienengarnele«, Rennschnecke; S. 40: *Neocaridina davidi* »Red Fire, *Cherax destructor;* S. 48: *Caridina sp.* »Tigerbee«; U7: *Caridina sp.* »Sulawesi Tigri«; U8-1: Red u. Black Shadow, Black-Bee-, Red-Bee-Shrimp; U8-2: *Neocaridina davidi* »Red Fire«.

Die werden Sie auch lieben.

ISBN 978-3-8338-5508-5

ISBN 978-3-8338-2411-1

ISBN 978-3-8338-5516-0

ISBN 978-3-8338-3643-5

ISBN 978-3-8338-6139-0

ISBN 978-3-8338-4851-3

e Auch auch als eBook erhältlich.

Mehr von GU auf **www.gu.de** und
facebook.com/gu.verlag

GU
Willkommen im Leben.

Die Autoren

Reinhard Pekny ist Forstmann und Wildbiologe und einer der anerkanntesten Flusskrebsforscher in Europa. Er betreibt die größte Krebszucht Österreichs und arbeitet darüber hinaus für verschiedene Naturschutzprojekte. Unter anderem ist er im IUCN-Wildnisgebiet Dürrenstein in Niederösterreich als Naturraum-Manager tätig. Reinhard Pekny ist Autor zahlreicher Fachpublikationen zum Thema Süßwasser-Crustaceen.

Chris Lukhaup ist im Fachbeirat zahlreicher aquaristischer Zeitschriften und als wissenschaftlicher Mitarbeiter von Museen und Universitäten im In und Ausland tätig. Darüber hinaus fotografiert er leidenschaftlich gerne alle Crustaceen.

Syndication:
www.seasons.agency

Aktualisierte Neuausgabe von Süßwasser-Garnelen, GRÄFE UND UNZER VERLAG GmbH, 2008, ISBN 978-3-8338-1196-8

Projekleitung: Adriane Andreas, Anita Zellner
Lektorat: Gerd Ludwig, Gabriele Linke-Grün
Bildredaktion: Adriane Andreas, Petra Ender (Cover)
Konzeption der Umschlaggestaltung und Layout: independent Medien-Design, Horst Moser, München
Umschlaggestaltung: h3a GmbH, München
Herstellung: Elisabeth Märtz, Martina Koralewska
Satz und Repro: Longo AG, Bozen
Druck und Bindung: Firmengruppe APPL, aprinta druck, Wemding

Printed in Germany

ISBN 978-3-8338-5511-5

4. Auflage 2020

www.facebook.com/gu.verlag

Die GU-Hompage finden Sie unter www.gu.de

Liebe Leserin, lieber Leser,

haben wir Ihre Erwartungen erfüllt? Sind Sie mit diesem Buch zufrieden? Haben Sie weitere Fragen zu diesem Thema? Wir freuen uns auf Ihre Rückmeldung, auf Lob, Kritik und Anregungen, damit wir für Sie immer besser werden können.

GRÄFE UND UNZER Verlag
Leserservice
Postfach 86 03 13
81630 München
E-Mail:
leserservice@graefe-und-unzer.de

Telefon: 00800 / 72 37 33 33*
Telefax: 00800 / 50 12 05 44*
Mo–Do: 9.00 – 17.00 Uhr
Fr: 9.00 – 16.00 Uhr
(gebührenfrei in D, A, CH)*

Ihr GRÄFE UND UNZER Verlag
Der erste Ratgeberverlag – seit 1722.

Umwelthinweis

Dieses Buch ist auf PEFC-zertifiziertem Papier aus nachhaltiger Waldwirtschaft gedruckt.

GRÄFE UND UNZER

Ein Unternehmen der
GANSKE VERLAGSGRUPPE